零技能也能做的
露營料理

さーやん
saaayan著

瑞昇文化

前言

我本來是個徹頭徹尾的室內派那類人。

總之，就是不想要暴露在紫外線之下！可以的話我想在家舒舒服服地看看動畫或是電影，悠悠哉哉地度過！我就是這樣的人。（笑）

然而，我和丈夫tomoyan相遇後，才開始感受到露營的魅力。

tomoyan為了讓我也能喜歡上他熱愛的露營，在我第一次的露營活動時做了無微不至的準備……我就這樣完全陷入了露營的懷抱之中。

一邊看著搖曳的火焰、一邊度過夜晚的焚火時光，還有早晨的清新空氣，對於過去一直過著室內生活的我來說，這一切看起來都是如此新鮮又閃耀。比什麼都更讓人感動的，就是用炊飯盒炊煮的米飯！其美味是電子鍋煮出來的飯難以匹敵的程度，光是吃白飯我就能吃掉一整碗。

雖然在此之前我也沒特別喜歡下廚，但是烹調露營料理真的是既有趣又好吃，所以不知不覺間，我也開始一直思考要在下一次的露營做些什麼餐點。現在我也會運用智慧型手機的記事本功能，將自己想要做的各種露料理全部都記錄下來。

因此，我希望各位也能先從在陽台、庭院、公園等場所開始，品味在戶外用餐的美味。接下來，即便一開始是當天往返的露營也無妨，請試著挑戰看看在野外烹調飲食吧。收錄在這本書裡面的，全部都是露營新手或料理新手也能簡單完成的菜色。因為已經將門檻降低了，還希望大家務必要抱著輕鬆的心情做看看喔。

saaayan

saaayan流
露營料理的祕訣

正因爲想要舒適地盡情享受在露營場度過的時光，所以事前準備是很重要的。
不要偷工減料，偶爾準備一些比較特別的餐點。
一邊營造張弛有度的時光、一邊享受露營料理的樂趣吧。

祕訣 1 盡可能在家做好準備

舉例來說，製作煎餅的材料就在家裡先拌好，然後放進保鮮袋保存。只要做好這類事前準備，到了露營場就不會手忙腳亂的，而且馬上就能完成料理、大快朵頤。

祕訣 2 當令的食材是最棒的！

當令的食材不但便宜又美味，而且還很營養。只要簡單地燒烤一下，或是放進飯裡一起炊煮，即便是露營的場合也能積極攝取。

祕訣 3 活用冷凍食品或即食食品等市售商品

已經完成調味的市售商品，只要稍微變化一下就能完成美味的餐點。此外，也可先準備好冷凍食品這種不必預先處理就能直接使用的食材。

祕訣 4 巧妙靈活運用露營用具

雖然熱壓三明治烤盤是三明治專用的器具，不過它能用來蒸烤，還能簡單翻面，所以很推薦拿來煎餃子。只要能活用道具的話，料理的範疇也會更加寬廣。

祕訣 5 露營的場合，只要「燒烤」就會很美味

在藍天之下用餐，無論吃什麼都會覺得很好吃。即便不做太講究的料理，光是簡單將食材燒烤一下再淋上醬油，就會變得相當美味。

祕訣 6 因爲肯定會拍照分享！所以也重視一下擺盤吧

意識到斷面的部分來分切三明治，並擺出漂亮的盛盤。只要能營造看起來超可口的畫面，興致也會隨之高揚，若是團體露營等場合就更能炒熱氣氛。

祕訣 7 將冰塊放進水壺裡保存

想要拿來搭配熱騰騰的料理享用的，就是沁涼的飲料。因為放在經常開開關關的攜帶型冰箱，冰塊很容易融化，所以我們家都是放在水壺裡面攜帶。

祕訣 8 讓清洗的時候更輕鬆的小工夫

如果是容易附著炭灰等難清汙漬的露營調理場合，只要距離洗滌場較遠的話，清洗東西時就會很辛苦。於是我把能減輕洗滌工作的小工夫彙整在p.9。

烹調露營料理的時候，首先要掌握的就是「火」和「水」

在野外，若是要用火來做料理就必須準備爐具；要用水的話也必須確保水源。
以下會介紹在露營時經常使用的設備或器具，
請各位依照自己的用途和目的來挑選使用吧。

準備爐具

焚火台

焚火是露營的醍醐味。把火升起來後，除了能用於炙烤料理之外，擺上爐架或烤網後還能當成調理器具使用。近來有許多露營場都禁止讓火源直接接觸地面的「直火」使用法，所以請準備一具焚火台吧。

登山爐

能使用瓦斯罐或汽油燃料的戶外用爐具。因為能夠調節火力，即便是初學者也能輕鬆製作料理。款式有直接裝填燃料的一體型和利用管子等物連接的分離型，但如果要擺放較大的調理器具，建議選購分離型的款式。

卡式瓦斯爐

大家都很熟悉的卡式瓦斯爐，不必升火，調節火力也很方便，適合新手使用。但是火焰在戶外環境容易被風吹熄，所以推薦選擇具備防風機能、火力較強的款式。也有附便於搬運的收納箱款式與小型款式。

固體燃料爐

如果一開始覺得準備用具太過費心費勁的話，也可以在百圓商店等處購買固體燃料。擺放固體燃料的台座爐具同樣能在百圓商店入手。p.82介紹了使用固體燃料來炊煮米飯的方法，請各位務必要嘗試一下。

注意！
・使用爐具的場合，為了預防火災，請一定要準備滅火用的水。
・為了避免火焰延燒，烹調的場所請拉開一些距離。在風勢較強的時候，爐具的使用就要更加嚴謹。

準備用水

儲水袋

因為可能碰到露營地點離取水區較遠的情況，所以如果能準備大容量的儲水袋，就會更便於儲備洗手或料理時的用水。有較具穩定感的硬式，以及能夠摺疊、讓尺寸變小的軟式等類型。

寶特瓶或水壺

如果是單人露營或是露營人數較少的場合，攜帶瓶裝水或是用隨身的水壺來儲存用水會比較輕便。瓶裝水除了能安心飲用之外，注水的時候也很便利，很適合在烹調餐點時使用。

saaayan的露營用廚具大公開

露營器具能夠有效地推進調理的過程，成爲非常強大的夥伴。以下就以本書食譜使用的調理器具與商品爲中心，向各位介紹我平時愛用的各式道具。

鐵打不動的露營組合

將爐架裝設在焚火台上，接著擺好調理器具，然後在露營椅上坐定或是在爐具前盤腿而坐，是料理時的基本原則。如果還能準備作業用的迷你桌會更加方便。

焚火台

（Tokyo Camp／焚火台）

這具焚火台的耐重達10kg，所以能夠用來製作使用調理器具烹調的正式料理。

蜘蛛爐

（SOTO／調節爐 ST-310）

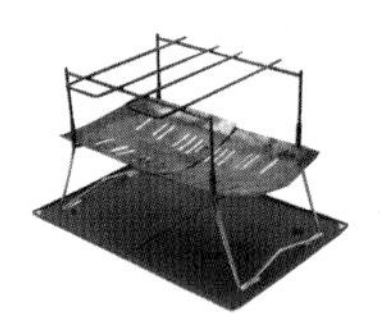

覺得升火很麻煩的時候，或是想要馬上調理的時候，有這台就讓人很安心。

吹火棒

（belmont／BLOW PIPE 淺棕色）

火力減弱的時候，只要運用這支吹氣，就能恢復火勢。

火鉗

（sanzoku mountain／geji）

夾取薪柴或木炭的道具。要添加或是移動柴火以調節火力的時候很方便。

迷你桌

（丈夫tomoyan製作的胡桃木桌）

要切或是混合食材的時候，有一張用來作業的桌子就能提高效率。

基本的調理器具

燒烤完成之後就直接大快朵頤。
這也是露營料理獨到的樂趣。

炊飯盒

(OUTDOOR SHOP DECEMBER／DECEMBER Original Trangia mess tin beige)

鋁製材質的炊飯盒。不光是用來炊煮米飯，還能進行燉煮、悶蒸等各式各樣的調理方式。本書使用的是750ml的款式。

熱壓三明治烤盤

(IWANO／熱壓三明治烤盤 FT)

選擇露營時能用於直火的款式。如果是能上下分離的款式，就能用在不同的地方。

分離型

韓國烤盤

(JHQ／鐵板韓國烤盤 扁平式 33cm)

蔚為話題的鋁製調理器具。因為重量輕且不容易燒焦，也有人直接當成餐具來使用。中央略為凹陷，所以也能用於燉煮料理。

鐵板

(ASOBU／IRORI-201專用烤盤 HAGANE-02)

鐵板能夠均勻地傳導熱能，均等地進行加熱，讓餐點更加可口。

平底鍋

(turk／classic Frying Pan 5號 26cm)

要煎或是炒食材的時候，有平底鍋就很方便。拿在家裡使用的款式來用也沒問題。

露營鍋具(Cooker)

(UNIFLAME／山Cooker方型3)

被稱為「Cooker」或「Kocher」的攜帶用鍋具。建議選擇較輕的款式。

可以疊起來收納！

章魚燒烤具

(Snow Peak／grill burner雪峰苑 章魚燒烤具)

能夠讓團體露營氣氛更加高昂的用具。還能用於章魚燒以外的料理(p.66)。

適合選用哪一種調理器具會以圖示在各篇食譜頁面中標示

平底鍋、煎鍋

韓國烤盤

鍋具(Cooker)

炊飯盒

熱壓三明治烤盤

章魚燒烤具

鐵板

讓料理過程更加順暢的用具

雪拉杯

（ZANE ARTS／不鏽鋼雪拉杯）

附把手的金屬製杯具。因為是能夠直接用火加熱的材質，所以也能用於餐點調理。

煮水壺

（GSI／glacier不鏽鋼煮水壺 1.1L）

想煮點熱熱的飲料或是泡麵等場合，有這個東西就能派上用場。

砧板

（Wood rings／CUTTING BOARD）

因為是木製的砧板，只要像這樣替換器具使用就能營造出時髦的氣氛。

菜刀

（FEDECA／折疊式料理刀 名栗）

能夠折起收納的「折疊式刀具」攜帶起來很安全，非常推薦。

麵包刀

（KOGU／熱壓三明治刀）

因為我很常製作熱壓三明治，所以會攜帶專用的刀具。同時也會使用不可或缺的刀具護套。

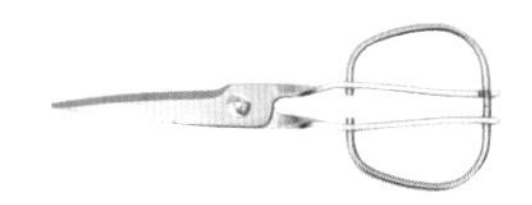

廚房剪刀

（鳥部製作所／Kitchen Spatter KS-203）

如果剪刀夠鋒利的話，就能輕鬆分切肉類或魚類，讓前置作業更加順暢。

手邊有的話就會很便利的道具

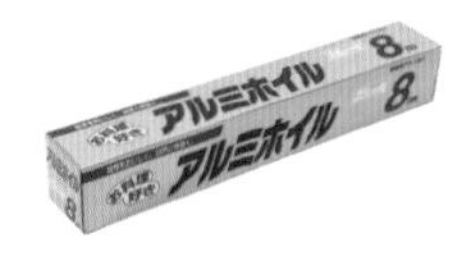

鋁箔紙

鋁箔紙調理時的必備品。還能覆蓋在平底鍋等器具上面，用來當成蓋子使用。

手套

（DVERG／DVERG ×GRIP SWANY G-1 常規型）

在需要用到火的場合，為了避免燒傷或受傷，請務必戴上戶外活動用的手套。

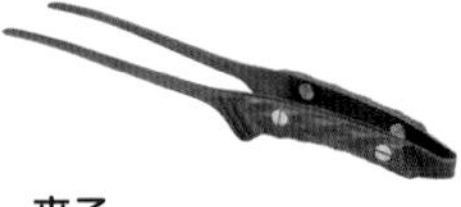

夾子

（FEDECA／CLEVER TONG 名栗）

在調理或盛盤的時候都能大大活躍的夾子。為了讓雙手不要太靠近火，請準備比較長的款式。

攜帶型保冰桶

（AO Coolers／24pag 露營軟質保冰桶 沙褐色）

想冷藏食材或飲料就不能少了它。可配合人數和露營天數來選擇尺寸。

儲水袋

（colapz／2-in-1 Water Carrier&Bucket 棕黃色）

有準備就會很方便的儲水袋。我們家喜歡使用能夠壓縮收納的軟質款式。

用具包

（buzzhouse design.／用具BOX型義大利鞣革包）

露營時會用到很多小東西或用具。推薦選用能夠整齊收納、擺出來也讓人賞心悅目的包款。

結束時就要好好收尾 讓洗滌更輕鬆的方法

洗滌場距離紮營地地點比較遠、沒有熱水可用……
這種時候最讓人提不起勁去做的，就是清洗東西了。
這裡就跟各位分享我爲了減輕負擔所著重的細節要點。

減少清洗物的數量

例如調和材料的時候不要用碗，而是改用夾鏈式保鮮袋；調理用具也嘗試換成別的東西來使用。一旦要洗的東西減少了，負擔自然也會變輕。使用韓國烤盤那類不容易附著髒汙的調理用具也是一個方法。

妥善使用食器清潔劑

我使用的清潔劑品項是比較不會對環境造成負荷的「Frosch」（上）和「ECO KITCHEN CLEANER」（下）。ECO KITCHEN CLEANER的清潔力很強，如果是輕微的髒污，只要噴上一點再用廚房紙巾擦拭後就乾淨了。

焚火造成的髒汙也是種「韻味」

只要是用焚火來製作料理，無論如何都會讓調理用具外側變得黑漆漆的（照片左側是新品、右側是使用過的）。不過我覺得這個樣子也很帥氣，所以就是照常清洗，不會勉強自己一定要弄得很乾淨。但海綿會因此變得黑黑的，所以請跟清潔食器內部的海綿分開使用。

帶回家裡也是一種選擇

如果洋溢野性情調的露營場地，有時也會出現「沒有洗滌場所」的情況。若遇上這種情況或是當天來回露營的場合，可以把用過的調理用具跟食器放進大桶子或保鮮袋裡面帶回家處理。如果是在有熱水可用的家裡，清洗起來也會更有效率吧！

目次

序章 人氣話題料理 TOP10

PART 1 咚咚！今天的主餐要登場了！ 主角級露營料理

【滿滿的野性韻味！ 特別燒烤菜單】

PART 2 在藍天之下乾杯！ 讓酒一杯接著一杯喝的小點

【小點】

◎關於本書的食譜

- 1小匙為5ml、1大匙為15ml、1杯為200ml、1合米為180ml。
- 本書的食譜會使用焚火、登山爐、固態燃料來進行調理。加熱時間會因為使用的道具、環境、天氣等因素而有所變化，請以本書標示的時間為基準、邊味道邊視情況調整。
- 必需進行中火、弱火等細微調節的食譜，推薦大家使用登山爐或卡式瓦斯爐來料理。
- 巴西利會使用新鮮的切末或乾燥巴西利。
- 本書使用的胡椒為粗磨黑胡椒。各位可以選擇自己喜歡的品項。

序章

人氣話題料理 TOP10

我時常會在Instagram和Tik Tok
分享自己在露營的時候製作的餐食，
從大家那裡收到「感覺好好吃！」、「我也想做做看」
之類的回饋，也成爲了我的原動力。
再來做一些更美味的料理吧。這樣的心情也跟著蠢蠢欲動。
在這個篇章，我試著爲各位挑選了一些
觀看次數超過100萬次的「人氣話題料理」。
很適合拍照打卡的料理、超簡單的小點心、越吃越美味的品項……
收錄了各式各樣的餐點陣容。
如果這裡頭有大家感興趣的菜單，請一定要試著做看看喔。

● 材料（1～2人分）

雞腿肉…1片
鹽、胡椒、油…各適量
A **醬油、酒、味醂、砂糖**
…各1大匙

【塔塔醬】
水煮蛋…2個
美乃滋…2大匙
砂糖…1大匙
巴西利、鹽、胡椒…各適量

● 製作方法

1 用刀子在雞肉的表面多個地方戳洞，接著撒上鹽、胡椒。
2 用平底鍋加熱油，接著將雞肉以皮朝下的方式擺進去。煎烤到出現焦色以後翻面，然後拿鋁箔紙當成蓋子蓋上去蒸烤。
3 將塔塔醬的材料放進夾鏈式保鮮袋裡面，接著從袋子外側像是要弄碎水煮蛋一樣搓揉按壓。
4 雞肉煎熟後，接著將A充分攪拌調合後淋上雞肉，讓整體均勻沾附。然後切成方便食用的大小，最後將3放上去。

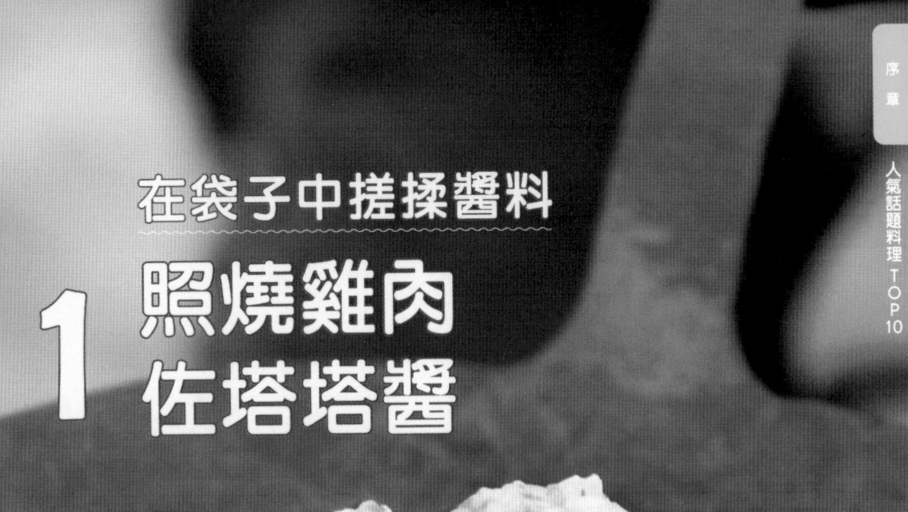

在袋子中搓揉醬料

1 照燒雞肉佐塔塔醬

● 材料（2顆份）

薄切牛肉…100g
**芝麻油、燒肉醬汁、米飯、
萵苣、焙煎白芝麻**…各適量
烤海苔…2片

● 製作方法

1. 用熱壓三明治烤盤（分離型）的其中一面加熱芝麻油，接著翻炒牛肉。等到顏色出現變化後，淋上燒肉醬汁調味，炒出黏稠感。
2. 用廚房紙巾將熱壓三明治烤盤擦拭乾淨，接著將一半的米飯薄薄地鋪上一層。然後將萵苣撕成一口大小，鋪在 1 上面，再撒上白芝麻，最後再薄薄地鋪上剩下的米飯。
3. 當兩面都烘烤到出現焦色以後，分切成兩半，最後用海苔夾起來。

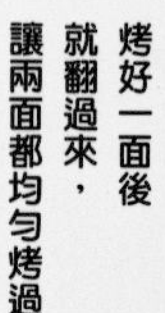

新時代的熱壓三明治！

2 燒肉米漢堡

● 材料（1～2人份）

吐司…2片

A
- **水煮蛋**…2顆
- **美乃滋**…2大匙
- **砂糖**…1小匙
- **巴西利、鹽、胡椒**…各適量

● 製作方法

1. 將A放進夾鏈式保鮮袋裡面，接著從袋子外側像是要弄碎水煮蛋一樣搓揉按壓。
2. 將1鋪在1片吐司上，接著放進熱壓三明治烤盤，然後蓋上另一片吐司。
3. 烘烤到兩面都出現焦色，最後對半切開。

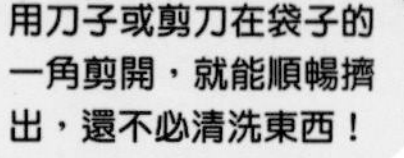

3 熱騰騰的 雞蛋沙拉三明治

● **材料（1合份）**

米（洗好後瀝乾水分）…1合
水…180ml
A 醬油、酒…各1大匙
薑絲、紫蘇葉絲…各適量
柳葉魚…2～3條

● **製作方法**

1. 將米、水放進炊飯盒，接著讓它浸泡30分鐘左右。
2. 放入A和薑絲，輕輕攪拌，接著擺上柳葉魚、蓋上蓋子後炊煮（使用直火請用弱火炊煮15～20分鐘、使用固體燃料請炊煮到燃料用盡為止。可參考p.82）。
3. 放進布袋裡，或者是用毛巾包起來，讓它悶蒸10分鐘，最後撒上紫蘇葉絲。

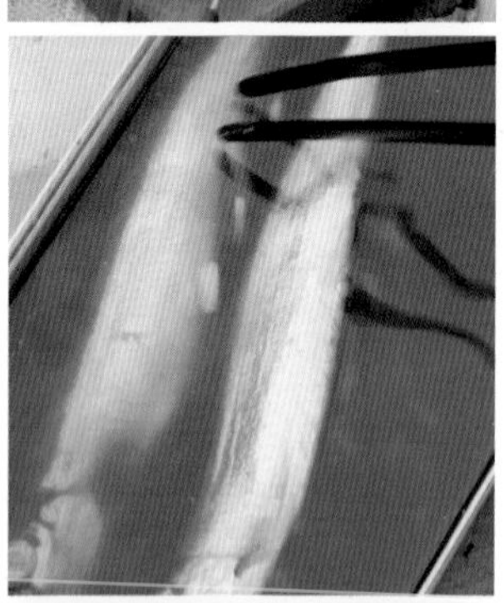

用薑和紫蘇來增添重點

4 柳葉魚炊飯

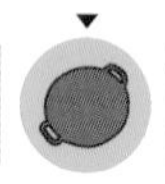

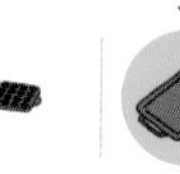

● **材料（1人份）**

香菇…2朵
奶油…2塊
醬油…適量

● **製作方法**

1. 將香菇腳切除，接著以外側朝下的方式擺到加熱的鐵板上，然後各自擺上1塊奶油。
2. 蓋上鋁箔紙，進行悶烤。等到香菇變軟之後，再淋上醬油。

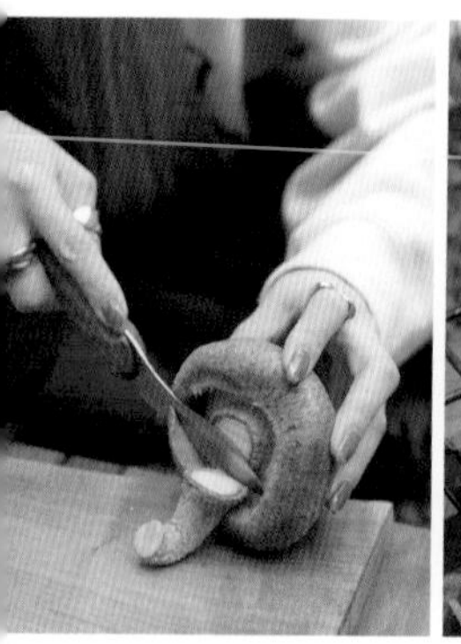

味美多汁！

5 醬燒奶油厚實鮮菇

● **材料（2顆份）**

捏成米俵形的飯糰…2顆
薄切豬五花肉…4片
紫蘇葉…2片
油、燒肉醬汁、焙煎白芝麻、
萬能蔥的蔥花…各適量

● **製作方法**

1. 用紫蘇葉把飯糰包起來，接著將豬五花肉從縱向、橫向捲在飯糰上。
2. 用鐵板加熱油，接著將包裹飯糰的肉片最尾端那側朝下放到鐵板上，然後一邊翻動、一邊煎烤，讓整體都出現焦色。
3. 烤熟之後就淋上燒肉醬汁，讓整體均勻沾附，最後撒上白芝麻和萬能蔥蔥花。

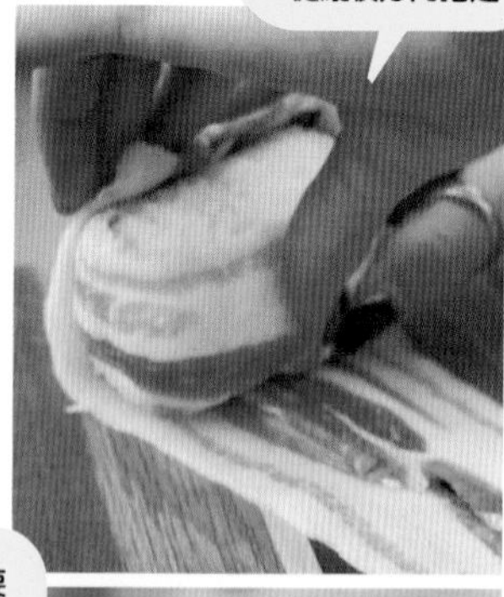

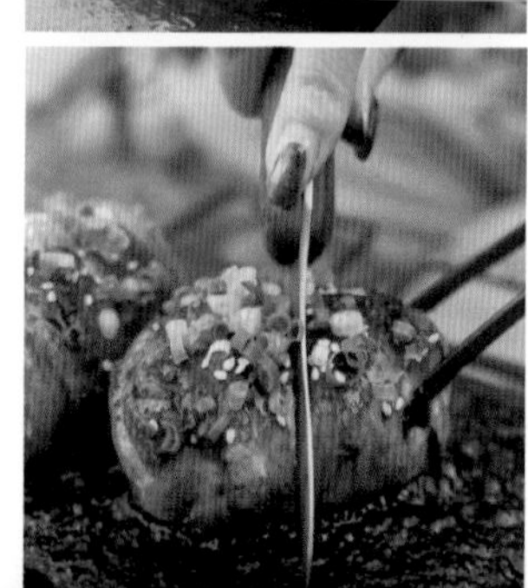

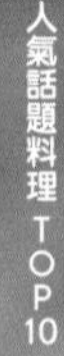

罪孽深重的美味

6 肉捲飯糰

只要挑選
自己喜愛的
味噌泡麵品項
即可

●材料（1人份）

味噌泡麵…1包
麻婆豆腐素材（市售品）…1份的量
豬絞肉（或是綜合絞肉）…100g
油、萬能蔥蔥花…各適量
蛋黃…1顆的量
水…600～700ml
（因為口味較濃郁，可用水量來進行調整）

●製作方法

1. 用露營鍋具加熱油，將絞肉炒到顏色改變，接著放入泡麵附的調味包，然後攪拌混合。
2. 將水倒進露營鍋具或鍋子裡煮沸，接著放入麵條，煮麵的時間要比泡麵袋上標示的建議時間少1分鐘。
3. 關火，將麻婆豆腐素材放進煮麵鍋具，接著輕輕地攪拌混合。附上的勾芡用粉加入少量的水（分量外）製作出勾芡水以後再倒入，攪拌後再次開火。
4. 變得濃稠以後，放入1再擺上蛋黃，最後撒上萬能蔥蔥花。

用現成品簡單完成！

7 麻婆麵

●材料（1人份）

洋蔥…1顆
奶油…1塊
柴魚片、醬油…各適量

●製作方法

1. 洋蔥連皮切出十字刀痕，切的深度大概為洋蔥一半的高度。
2. 用2～3張疊起來的鋁箔紙包裹洋蔥，接著放進焚火裡面燒烤20～30分鐘。
3. 等到洋蔥變軟以後，把皮剝除，接著擺上奶油，最後撒上柴魚片、淋上醬油。

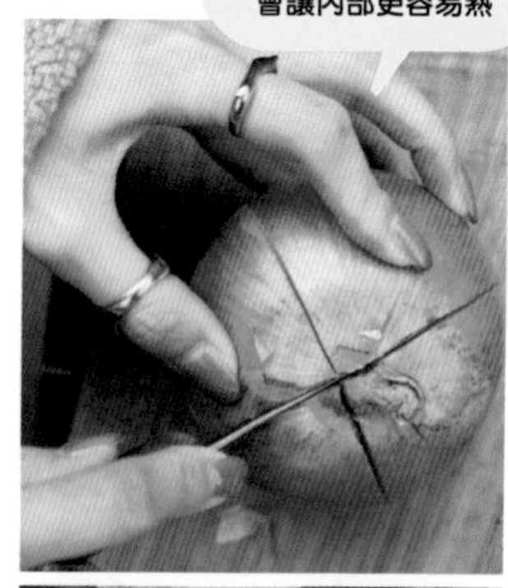

甜味滿溢

8 鋁箔紙包洋蔥燒

●材料（1～2人份）

吐司…2片
板狀巧克力…1/2塊
Lumonde**酥餅**※…3根

●製作方法

1. 將板狀巧克力擺在1片吐司上，接著再擺上Lumonde酥餅。然後放進熱壓三明治烤盤以後，再蓋上另一片吐司，闔上烤盤。
2. 將兩面都烘烤到出現焦色，最後對半切開。

去趟便利商店
不小心就買了♪
酥脆的口感♡
超級好吃！

擺在
巧克力上面

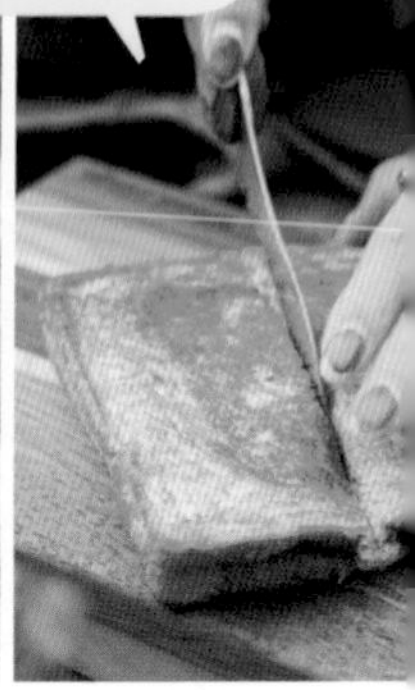

跟Lumonde酥餅
垂直下刀就能切出
美麗的斷面

 ※譯註：Lumonde（ルマンド）為日本企業BOURBON推出的條狀有餡酥餅零食

市售的零食帶來嶄新發現

9 Lumonde 酥餅三明治

●材料（1合份）

米（洗好後瀝乾水分）…1合
水…180ml
A **醬油、酒**…各1大匙
滑茸（瓶裝調味金針菇）…1/2瓶
雞肉（多部位邊角料）…100g
蔥花…適量

●製作方法

1. 將米、水放進炊飯盒，接著讓它浸泡30分鐘左右。
2. 放入A和滑茸，接著放入雞肉，輕輕攪拌，然後蓋上蓋子後炊煮（使用直火請用弱火炊煮15～20分鐘、使用固體燃料請炊煮到燃料用盡為止。可參考p.82）。
3. 放進布袋裡，或者是用毛巾包起來，讓它悶蒸10分鐘，最後撒上蔥花。

10 大家都超愛的溫暖風味♡

滑茸雞肉炊飯

PART 1

咚咚！今天的主餐要登場了！

豪邁地燒烤整塊肉，或者是嘗試

讓擺盤呈現比平時更加華麗。

只要身處在大自然之中，就會讓人想要做看看的有點特別的料理。

這一章要收錄的就是能在露營時成爲「主角」的料理。

從無庸置疑的人氣菜色，到稍微變換路線的創意餐點，

我將爲大家介紹saaayan力推的品項。

希望各位也能關注那些作爲陪襯也很合適的燒烤食材喔。

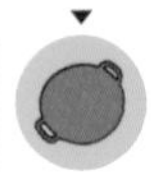

● 材料（1人份）

羊排…3塊
鹽、胡椒…各適量
A **薄切蒜片**…1瓣的量
橄欖油…3大匙
迷迭香…適量

● 製作方法

1. 將鹽、胡椒撒在羊排上。
2. 將A和1放進夾鏈式保鮮袋，接著放進冰桶裡靜置30分鐘以上。
3. 讓羊排恢復至常溫狀態，接著擺到加熱的鐵板上。等到出現焦色以後就翻面，煎烤到另一面也出現焦色。

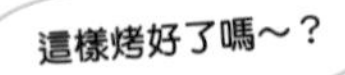

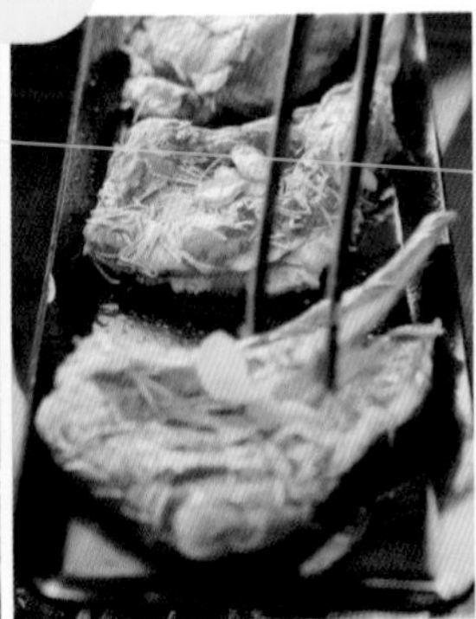

把帶骨肉
豪邁地大口咬下

火烤羊排

● 材料（1合份）

牛肉塊（烤牛肉用）…1塊
鹽、胡椒、油、萬能蔥蔥花…各適量
洋蔥末…1/2顆的量
A **酒、味醂、醬油**…各2大匙
A **砂糖**…1小匙
溫熱的米飯…1合的量
溫泉蛋…1顆

● 製作方法

1. 讓牛肉恢復至常溫狀態，接著整體均勻撒上鹽、胡椒。
2. 用平底鍋加熱油，接著放入牛肉，煎烤2分鐘左右、焦色出現以後就翻面。每一面都用同樣的方式煎烤。
3. 用鋁箔紙把 2 包起來，靜置約1小時左右。
4. 用平底鍋加熱油，接著放入洋蔥末翻炒。等到洋蔥炒軟之後，就放入 A 攪拌混合，製作醬汁。
5. 將 3 薄切，接著擺到已盛入容器、呈現小山狀的米飯上。然後淋上 4，最後擺上溫泉蛋、再撒上萬能蔥蔥花。

用整塊肉營造豪華感受

烤牛肉丼

● 材料（1人份）

雞腿肉…1片
奶油…1塊
鹽、胡椒、番茄（切成梳子形）、
蘆筍、檸檬圓片…各適量
A **奶油**…1塊
A **檸檬汁、醬油、味醂**…各1大匙

● 製作方法

1. 用刀子在雞肉表面的多個地方戳洞，接著撒上鹽、胡椒。
2. 用平底鍋加熱奶油，接著將雞肉以皮朝下的方式擺進去。煎烤到出現焦色以後翻面，然後拿鋁箔紙當成蓋子蓋上去蒸烤。
3. 將雞肉推到鍋子的一角，再把A放進鍋子內的其餘空間，攪拌混合，製作檸檬醬汁。接著一邊將醬汁淋在雞肉上、一邊煎煮。
4. 放入番茄和蘆筍一起煎烤，最後擺上檸檬圓片。

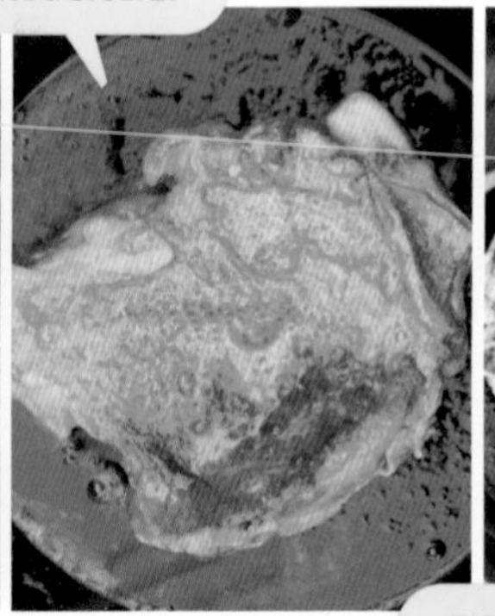

酸味帶動了食欲

檸檬奶油嫩雞

● 材料（1人份）

牛肉（牛排用）…1塊

鹽、胡椒、玉米粒（罐裝）、蘆筍

…各適量

橄欖油…1大匙

薄切蒜片…1瓣的量

A
醬油、酒、味醂、砂糖…各1大匙
蒜泥
…1瓣的量（或是蒜片5cm的量）

● 製作方法

1. 讓牛肉恢復至常溫狀態，接著兩面均勻撒上鹽、胡椒。
2. 攪拌混合A，製作大蒜醬汁。
3. 將橄欖油和蒜片放進平底鍋加熱，等到蒜片變成金黃色就先取出。
4. 將1放進3的平底鍋，兩面稍微煎烤一下，烤到稍微出現焦色。接著在平底鍋其他的空間翻炒玉米粒和蘆筍。
5. 將牛肉切成容易食用的大小，接著均勻淋上2，繼續煎烤。最後擺上3的蒜片，再撒上胡椒。

藉由大蒜來更上一層樓！

大蒜風味牛排

● 材料（1片份）

韭菜…1束
辛奇…200g
A
麵粉…130g
水…150ml
雞骨高湯粉…1小匙
芝麻油…1大匙
披薩用起司…100g
片栗粉…少於1小匙
牛奶…50ml

● 製作方法

1. 將A放進夾鏈式保鮮袋，接著搓揉按壓袋子。然後加入切成4～5cm長的韭菜和辛奇，再次搓揉按壓。
2. 用韓國烤盤加熱芝麻油，接著倒入1調好的麵糊，讓它布滿整個盤面。等到出現焦色以後就翻面，以同樣的方式煎烤。
3. 將烤好的韓國煎餅切成一口大小，接著繞著韓國烤盤的邊緣排成一圈，在正中間留下一處空間。
4. 攪拌混合起司和片栗粉。
5. 將牛奶倒入韓國烤盤中央的空間，讓其加溫，接著倒入4攪拌混合（用平底鍋製作的時候，就改用雪拉杯等器具另外加熱起司）。

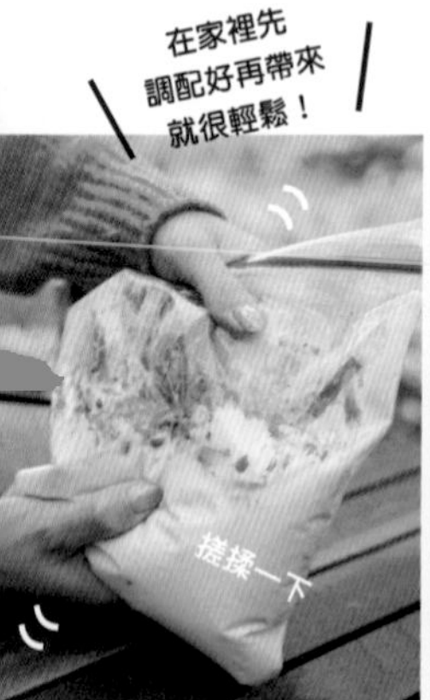

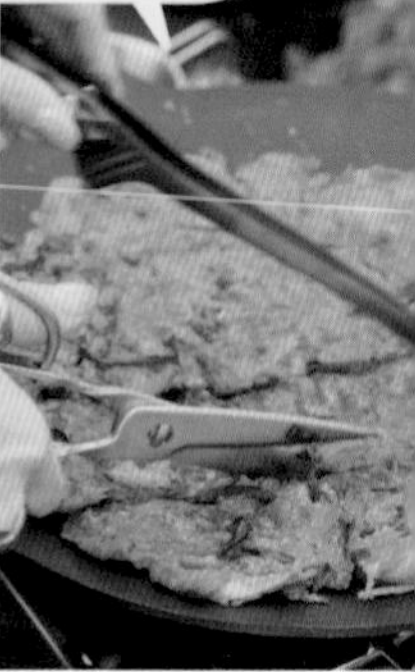

宛如起司火鍋的

辛奇起司韓國煎餅

● 材料（1人份）

鱈魚或鯛魚等白身魚（魚片）…1片
蝦子（去頭）…7隻
花椰菜…5株
迷你番茄…4顆
蒜末…1瓣的量
橄欖油…1大匙
水…100ml
酒…2大匙
鹽、胡椒、銀杏形檸檬片…各適量

● 製作方法

1. 將花椰菜切成容易食用的大小，番茄對半切開。
2. 將橄欖油和蒜末放進炊飯盒裡以弱火加熱，等到飄出香氣以後，將白身魚以帶皮面朝下的方式放入煎烤，等到顏色改變以後就翻面，用同樣的方式煎烤。
3. 放入蝦子、花椰菜、迷你番茄，再加入水、酒。接著以鹽、胡椒調味，接著蓋上蓋子以弱～中火蒸煮5分鐘左右。最後擺上檸檬片。

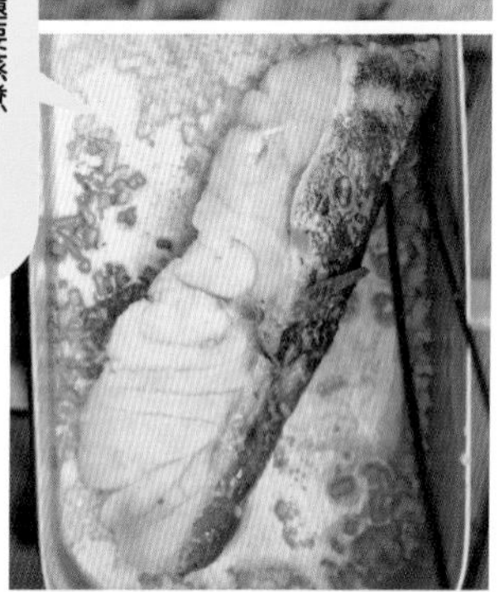

簡單迅速做出豪華菜色

白身魚與鮮蝦的多彩義式瘋狂水煮魚

● 材料（1合份）

雞絞肉…200g
雞蛋…1顆
油、紅薑、萬能蔥蔥花…各適量
溫熱的米飯…1合的量

A
砂糖…2大匙
醬油…2～3大匙
味醂、酒…各1大匙

● 製作方法

1 打蛋，將蛋黃和蛋白分開。
2 用露營鍋具加熱油，接著翻炒雞絞肉。等到顏色改變以後，加入蛋白攪拌。
3 等到蛋白凝固以後，加入A攪拌混合繼續煮。接著放入紅薑，然後稍微翻炒一下。
4 將3擺到米飯上，最後在正中央擺上蛋黃、撒上萬能蔥蔥花。

打顆圓滾滾的蛋來增加分量

紅薑親子雞肉燥丼

以發酵的力量做出軟嫩感

雞肉鹽麴燒

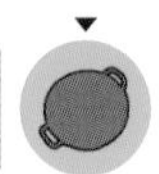

● 材料（1人份）

雞腿肉（切成一口大小）…150g
蔥…1/2根
鹽麴…1大匙
油…適量

● 製作方法

1. 將雞肉和鹽麴放進夾鏈式保鮮袋，接著從外側搓揉按壓，再靜置30分鐘以上。
2. 用熱壓三明治烤盤加熱油，接著放入 1 ，稍微烘烤到兩面都出現焦色。
3. 將蔥斜切再擺上，接著蓋上蓋子，煮熟雞肉。

先醃漬好再帶來也是好選擇♪

如果沒有熱壓三明治烤盤，推薦大家用鋁箔紙覆蓋

想增加分量的話，
建議多疊幾片豬肉

● **材料（2條份）**

蒟蒻…1片
薄切豬肉、油、燒肉醬汁…適量

● **製作方法**

1. 將蒟蒻切成容易食用的棒狀。
2. 攤開豬肉，擺上1塊蒟蒻再捲起，接著用串籤串起。剩餘的也以同樣的方式處理。
3. 用鐵板加熱油，接著將包裹蒟蒻的肉片最尾端那側朝下放到鐵板上。等到出現焦色以後就翻面，每一面都以同樣的方式煎烤。最後淋上燒肉醬汁，讓整體均勻沾附。

難以想像是薄切肉

肉捲蒟蒻排

連皮一起烤

烤玉米

●材料（1根份）

玉米（帶皮）…1根
鹽、胡椒等調味料（依喜好選擇）
…各適量

●製作方法

1 將玉米連皮一起放進焚火中烤。燒烤的過程中要不時翻動，避免外側的皮燒焦。

2 把皮剝掉以後就大功告成。最後可依個人喜好添加鹽或胡椒等調味料。

明明只是用火烤卻如此美味

奶油醬烤杏鮑菇

●材料（1人份）

杏鮑菇…2根
油、奶油、醬油…各適量

●製作方法

1 將杏鮑菇切出刀痕後用手撕開。

2 用鐵板加熱油，接著擺上杏鮑菇。等到出現焦色以後就翻面，以同樣的方式燒烤。最後擺上奶油、淋上醬油。

飄出了甜甜的香氣♡

烤蘋果

●**材料（1人份）**

蘋果…1顆

A
- **砂糖**…1大匙
- **肉桂粉**…適量
- **奶油**…1塊

●**製作方法**

1. 將蘋果清洗乾淨，接著用湯匙或刀子挖出果核的部分。然後用刀子在蘋果的多個地方戳洞。
2. 將A放進剛剛挖出果核的位置，接著用4～5張疊起來的鋁箔紙包裹蘋果，接著放進焚火裡面燒烤10～15分鐘。等到外側變軟了以後就完成了。如果還很硬的話，可以視其狀態繼續燒烤。

入口即化

烤茄子

●**材料（1人份）**

茄子…1顆

油、燒肉醬汁…各適量

●**製作方法**

1. 將茄子對半切開，然後深深地劃出格子狀刀痕。
2. 用鐵板加熱油，接著將茄子以帶皮面朝下的方式擺上。等到出現焦色以後翻面，以同樣的方式燒烤，最後淋上燒肉醬汁。

PART 2

在藍天之下乾杯！

讓酒一杯接著一杯喝的小點

被大自然環繞，喝下一口沁涼的啤酒！這是一段幸福的時刻。
在戶外喝下的酒，感覺比平時更加好喝，眞是不可思議啊。
從可以迅速完成的簡單款式，再到居酒屋風格的菜單等，
本章爲各位準備了能夠讓露營的美酒更加美味的絕品小點。
除此之外，還會介紹在團體露營等場合能夠炒熱氣氛、
兼具外觀與美味的「款待系」料理。

小點

用薑汁醬油完成

火烤黑半片

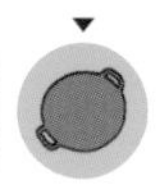

●材料（1人份）

黑半片…4片
油、醬油、薑泥…各適量

●製作方法

1. 用鐵板加熱油，接著擺上黑半片稍微烤一下，讓兩面都出現焦色。
2. 擺上薑泥，最後再淋上醬油。

黑半片是靜岡名產。
如果沒有的話
也可以用普通的半片。

●材料（1人份）

甘鹽鮭（魚片）…1片
切好的蔬菜（市售品／炒菜用）、鴻喜菇
…各適量
鹽、胡椒…各少許
奶油…1塊

●製作方法

1 將切好的蔬菜、鮭魚、切除根部的鴻喜菇擺在鋁箔紙上，接著撒上鹽、胡椒，最後擺上奶油後包起來。

2 將網架放進炊飯盒，接著倒入水平面高度略比網架低的水。然後放入1，再蓋上蓋子，蒸煮到鮭魚熟了。

炊飯盒專用的網架可在百元商店買到♪

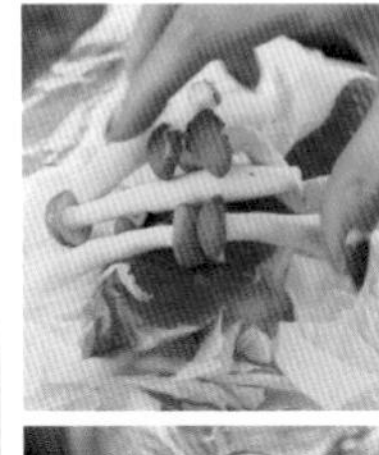
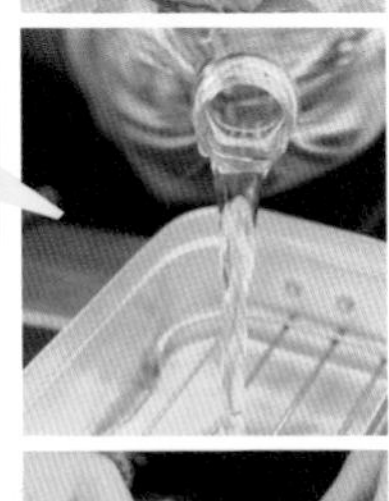

用炊飯盒完成

鬆軟 鋁箔紙包鮭魚燒

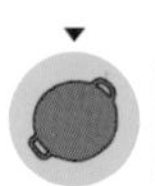

● 材料（1人份）

餃子皮（市售品／大片）…6片
維也納香腸…6條
紫蘇葉…6片
起司片（切成容易食用的大小）、芝麻油
…各適量
水…適量

● 製作方法

1 在餃子皮上依序擺上1片紫蘇葉、1片起司片、1條維也納香腸，接著捲起來，在尾端的部分沾點水貼合。然後以同樣的方式製作，總計6條。

2 用熱壓三明治烤盤加熱芝麻油，接著擺上 1 。然後倒入適量的水再蓋上蓋子（如果是使用鐵板等器具，請覆蓋錫箔紙），進行悶烤。

3 等到水分蒸散、出現焦色以後就翻面，將另一面同樣烤到焦色出現。

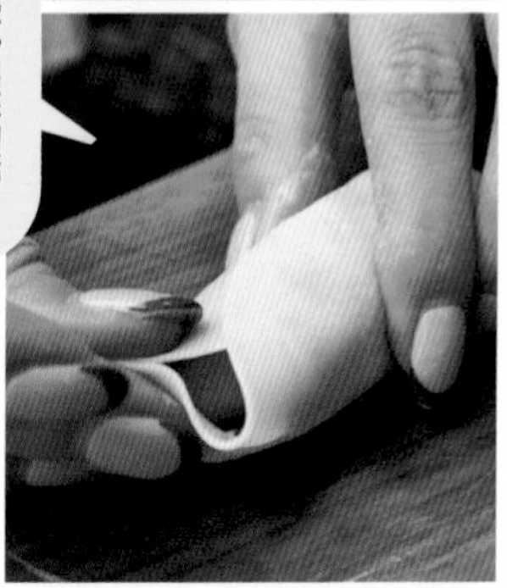

如果邊緣多出來的話，摺進內側就可以了

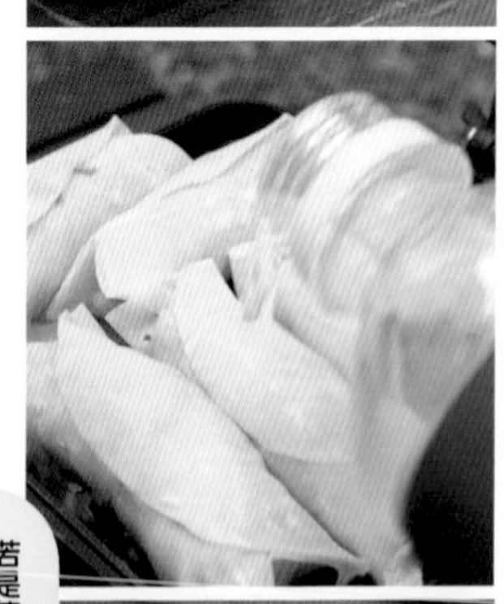

若是使用熱壓三明治烤盤，翻面時就會很輕鬆♪

用熱壓三明治烤盤烤到恰到好處

維也納餃子

● 材料（1人份）

豆腐…1塊（150～300g）
薄切牛肉、金針菇、蔥…各適量
壽喜燒醬汁（市售品／2倍濃縮）
…50ml
水…100ml

● 製作方法

1. 將牛肉、豆腐切成容易食用的大小。金針菇切除根部。蔥斜切。
2. 將壽喜燒醬汁、水倒進炊飯盒後開火，煮沸以後就放入牛肉。
3. 牛肉煮熟以後就放入豆腐、金針菇，接著蓋上蓋子繼續煮。
4. 等到豆腐和金針菇都上色以後，放入蔥，接著再次蓋上蓋子繼續煮。等到蔥變軟以後就完成了。

在大自然享用熱騰騰的
肉豆腐

蔬菜類的小點

粒粒分明
奶油玉米粒

●**材料（1人份）**

玉米粒（罐裝）…1罐
醬油…適量
奶油…1塊

●**製作方法**

1 將玉米粒放進熱壓三明治烤盤，接著擺上奶油，再蓋上蓋子。然後一邊搖晃、一邊烘烤。
2 等到奶油均勻沾附整體以後，淋上醬油，接著再次蓋上蓋子搖晃。等到醬油均勻沾附整體以後就完成了。

又甜又鬆軟～
奶油馬鈴薯

●**材料（1人份）**

馬鈴薯…1～2顆
水…適量
奶油…1塊
鹽…少許

●**製作方法**

1 將馬鈴薯清洗乾淨，接著切除芽，然後連皮切成一口大小。
2 將網架放進炊飯盒，接著倒入水平面高度略比網架低的水。然後放入1，再蓋上蓋子進行蒸煮。
3 等到馬鈴薯熟了，接著擺上奶油，最後撒上鹽。

散發芝麻油的香氣
烤毛豆

●**材料（容易製作的分量）**

毛豆、鹽、芝麻油…各適量

●**製作方法**

1 切掉毛豆的枝。
2 毛豆撒上鹽以後搓揉，接著靜置10分鐘左右。
3 用鐵板加熱芝麻油，接著鋪上2，等到整體都出現焦色以後就翻面繼續烘烤。等到內部熟了以後就完成了。如果有蓋子的話，透過悶蒸就能讓毛豆更快熟。

口味是正統義大利風格
火烤番茄起司

●**材料（1人份）**

迷你番茄…10顆
美乃滋…1/2大匙
羅勒醬（市售品）…1大匙
披薩用起司、巴西利…各適量

●**製作方法**

1 將迷你番茄對半切開。
2 用熱壓三明治烤盤加熱美乃滋，接著翻炒迷你番茄。等到迷你番茄均勻沾附美乃滋以後，再淋上羅勒醬拌一下。
3 擺上起司，再蓋上蓋子，蒸烤到起司融化，最後撒上巴西利。

現成品＋α

新感受的麵飯

炊煮咖哩泡麵飯

● **材料（1合份）**

咖哩風味泡麵…1碗
米（洗好後瀝乾水分）…1合
水…250ml
萬能蔥蔥花…適量

● **製作方法**

1. 將米、水放進炊飯盒，接著讓它浸泡30分鐘左右。
2. 將麵條放進夾鏈式保鮮袋，然後用棒子之類的物品敲碎。
3. 將 2 放入 1 ，接著輕輕攪拌混合，進行炊煮（米飯的炊煮方法請參考p.82）。
4. 煮好之後就撒上萬能蔥蔥花。

這款令人著迷！

年輪蛋糕烤起司

● **材料（1個份）**

年輪蛋糕（市售品／小）…1個
披薩用起司…適量

● **製作方法**

1. 將年輪蛋糕放進熱壓三明治烤盤，接著將披薩用起司放進中央的洞。
2. 蓋上蓋子，稍微烘烤兩面，烤到起司融化。接著切成容易食用的大小，最後沾取起司享用。

變身為款待餐點

番茄燉煮高麗菜捲

● **材料（1人份）**

高麗菜捲（冷凍）…3條
番茄…1顆
顆粒法式清湯粉…1包
水…適量
鹽、胡椒…各適量

● **製作方法**

1. 將番茄切成容易食用的大小。
2. 將高麗菜捲放進炊飯盒，接著放入番茄、顆粒法式清湯粉，然後倒入剛好淹過食材的水。
3. 蓋上蓋子以後開火，煮10～15分鐘。最後用鹽巴、胡椒來調味。

甜鹹派愛好者必看

起司on起司蒸蛋糕

● **材料（1人份）**

起司蒸蛋糕（市售品）…1個
披薩用起司…50g
片栗粉…1/2小匙
牛奶…30ml

● **製作方法**

1. 在起司蒸蛋糕的表面劃出5道刀痕。
2. 攪拌混合起司和片栗粉。
3. 用平底鍋加熱牛奶，煮到沸騰以後加入 2 ，攪拌混合。等到溶化以後就淋在 1 上，就此完成。

●材料（容易製作的分量）

冷凍派皮…1～2片

A 維也納香腸（切成一口大小）、番茄醬、披薩用起司…各適量

B 玉米粒（罐裝）、美乃滋、巴西利…各適量

C 肉丸（市售品）…適量

D 板狀巧克力（分成小塊）、香蕉薄片…各適量

E 蘋果（切成一口大小）、砂糖、肉桂粉…各適量

●製作方法

1 將冷凍派皮解凍，並配合章魚燒烤具的孔洞大小切割。接著用擀麵棍等器具將派皮鋪進孔洞裡面。

2 依照喜好將 A ～ E 的配料放進去，接著進行加熱。等到派皮出現焦色以後就完成了。

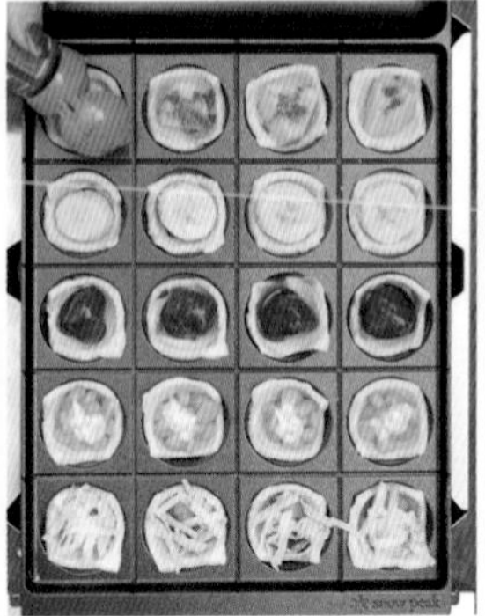

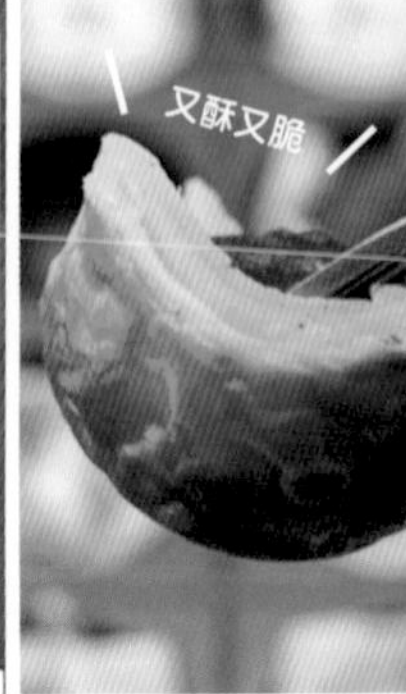

用章魚燒烤具製作！

各式各樣的一口派

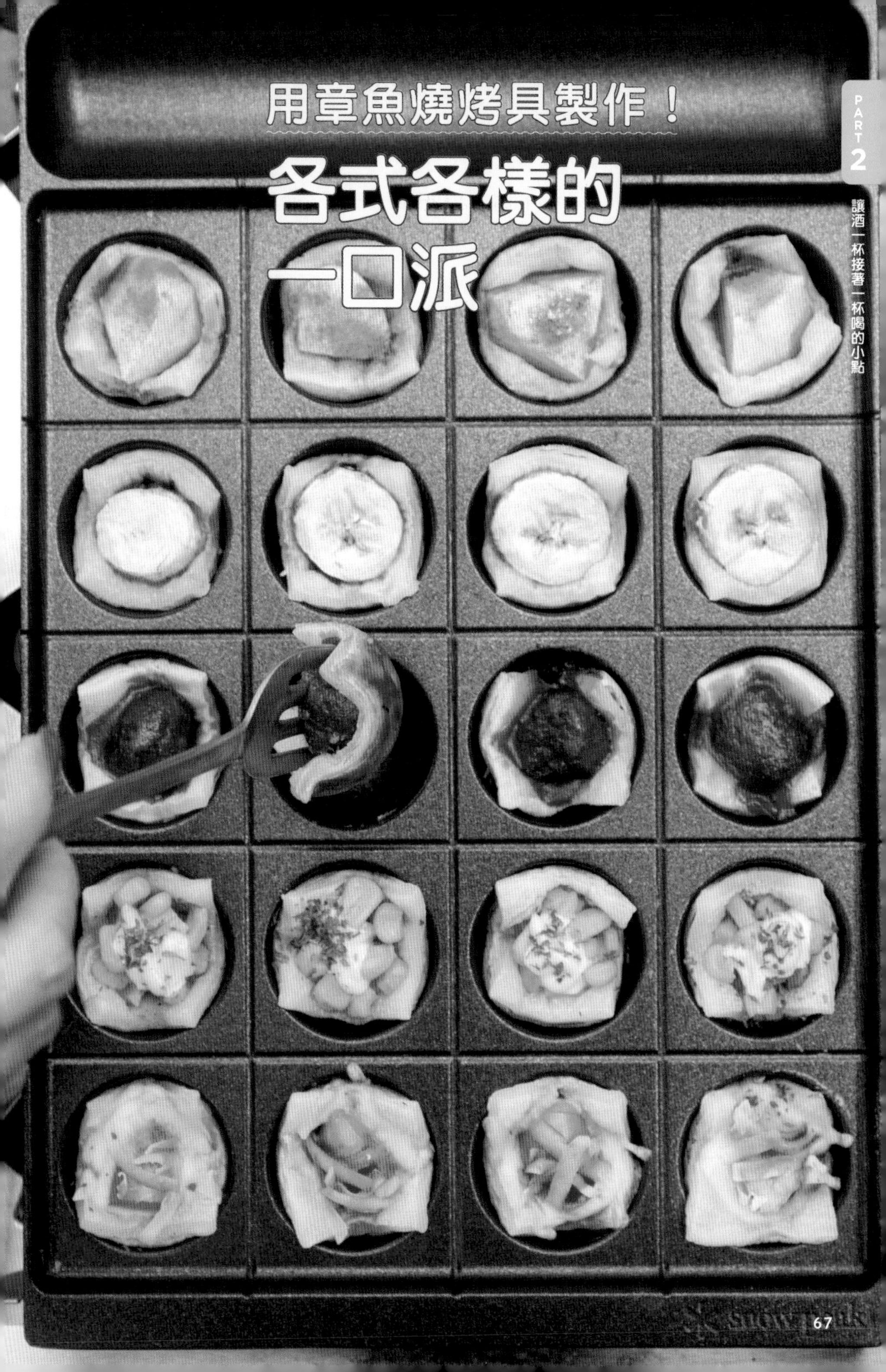

● 材料（4人份）

薄切牛肉…400g
萵苣、油、燒肉醬汁、玉米餅（市售品）、美乃滋…各適量
酪梨、番茄、青椒…各1顆
洋蔥…1/2顆
A **番茄醬**…5大匙
蜂蜜、檸檬汁…各1大匙

● 製作方法

1. 將萵苣切絲，酪梨切成1～2cm的小塊。
2. 將洋蔥、青椒切末，番茄切成1cm的小塊，接著將它們放進調理碗，然後再倒入A，製作莎莎醬。
3. 用平底鍋加熱油，接著翻炒切成容易食用大小的牛肉。等到顏色改變後就用燒肉醬汁調味。
4. 將美乃滋淋在玉米餅皮上，接著依序擺上萵苣、3、酪梨、2，最後包起來。

莎莎醬有剩下的話，還能拿去當成冷製義大利麵的醬料

想吃辣的人只要加點辣椒醬就可以了！

美乃滋、萵苣、肉、酪梨、莎莎醬

從小朋友到大朋友都大獲好評！

不會辣的牛肉玉米餅

● 材料（2〜4人份）

薄切豬五花肉⋯300〜350g
萬能蔥⋯3束
辛奇⋯1包（400g）
披薩用起司⋯100g
片栗粉⋯1小匙
牛奶⋯50ml
A ┌ **味噌、苦椒醬**⋯各1大匙
　 └ **蜂蜜、芝麻油**⋯各1小匙

● 製作方法

1. 將A攪拌混合，製作醬汁。
2. 豬肉切成一半的長度，萬能蔥切成5〜6cm長。接著攤開豬肉，均等地擺上萬能蔥再捲起來。
3. 將豬肉捲的肉片尾端最尾端那側朝下放到韓國烤盤上，一邊翻動、一邊烤到整體出現焦色。烤好以後就沿著烤盤邊緣排列。
4. 攪拌混合起司和片栗粉。
5. 將牛奶倒進雪拉杯等器具加熱，煮沸以後就加入4，充分攪拌到起司融化。
6. 將5放到烤盤正中央的位置，旁邊繞著一圈辛奇。接著將1淋在肉捲上。肉捲和辛奇都可以沾起司享用。

用豬肉冒出的油脂來翻炒辛奇
也很好吃喔

既搶眼又好吃！

韓國風肉捲起司鍋

● 材料（容易製作的分量）

彩椒、洋蔥、番茄、茄子…各1顆
櫛瓜…1條
橄欖油…1大匙
蒜片…1瓣的量
迷迭香…1枝
薄切法國長棍麵包…適量

A
- **番茄醬**…3大匙
- **顆粒法式清湯粉**…1包
- **鹽、胡椒**…各適量

● 製作方法

1. 將彩椒、洋蔥、番茄切成1cm的小塊。茄子、櫛瓜切成半月形。
2. 將橄欖油和大蒜放進韓國烤盤，加熱到散發出香氣，接著加入1翻炒。
3. 如果想讓蔬菜變得稍微濕潤點，就加入A來攪拌混合。接著擺上迷迭香，然後用鋁箔紙蓋住，用弱～中火蒸煮5分鐘左右。
4. 關火，周圍擺上法式長棍麵包薄片。

飄出了大蒜的香氣

藉由蒸煮技巧，即使沒有長時間熬煮也能入味

跟葡萄酒應該也很搭♡

不必燉煮
真是令人高興

普羅旺斯燉菜

patagonia

PART 3

飽足＆滿足

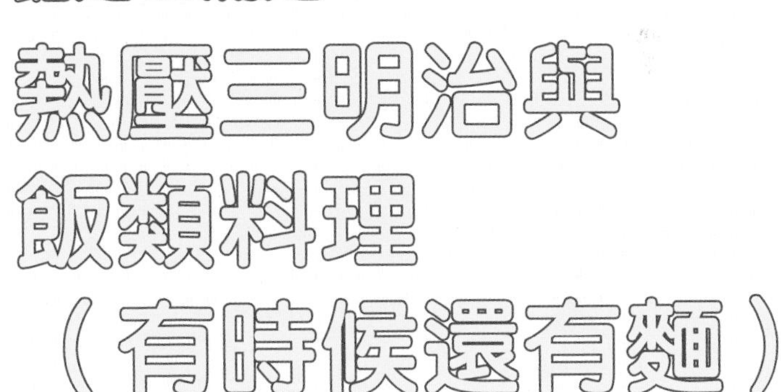

就像在「前言」中提到的，
最初讓我感動的，就是飯鍋炊煮出來的飯類料理！
因爲接下來要介紹的是用新手也能輕鬆上手的自動炊飯
來進行炊煮的飯類料理，
因此希望各位也務必品味一下跟我一樣的感動喔。
另外，也收錄了很多不需要煮麵濾網也能在露營地簡便完成的
義大利麵餐點，以及變換自在的熱壓三明治菜單。
請將「露營時的餐點是低卡路里」作爲暗號，
盡情享受這一切吧♡

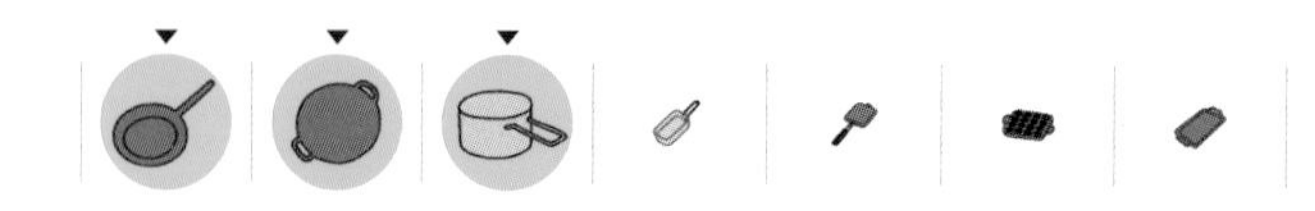

● 材料（2人份）

溫熱的米飯…1合份
雞蛋…2顆
蟳味棒（撕碎）…2～3條
芝麻油…1大匙
萬能蔥蔥花…適量

A
- **醬油、砂糖**…各1大匙
- **醋、片栗粉**…各1/2大匙
- **雞骨高湯粉**…1小匙
- **水**…150ml

● 製作方法

1. 將A放進小鍋子裡加熱，攪拌混合到變得黏稠，製作勾芡湯汁。
2. 打顆蛋，接著放入蟳味棒，攪拌混合。
3. 用韓國烤盤加熱芝麻油，接著將2倒入，再慢慢地攪拌混合，呈現半熟狀態以後就盛起來。
4. 將米飯盛到韓國烤盤上，做出巨蛋的形狀，接著擺上3、再淋上1，最後撒上萬能蔥蔥花。

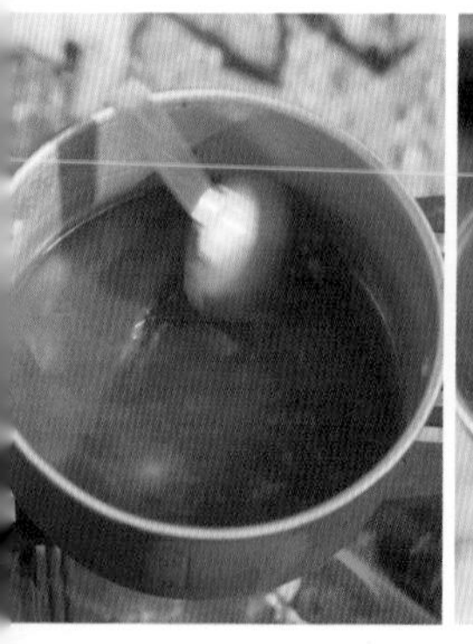

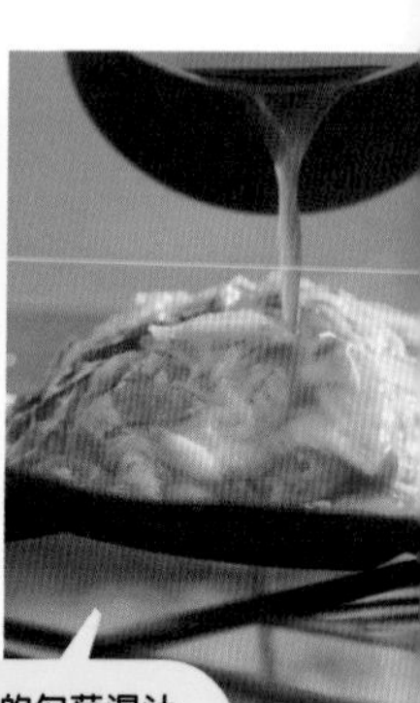

熱騰騰
黏糊糊！
天津飯

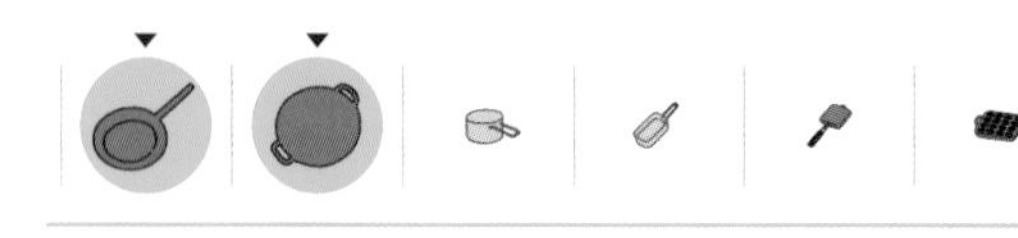

●材料（1人份）

米飯…大飯碗1碗的量（200g）
蔥…1/3根
維也納香腸…2條
雞蛋…1顆
美乃滋…1大匙
醬油…1小匙
芝麻油、「Outdoor Spice Horinishi」、
蔥花…各適量

●製作方法

1 將蔥切成末，維也納香腸切成5mm小塊。
2 用平底鍋加熱油，接著打蛋進去，再快速攪拌混合。在半熟的狀態下放入1，攪拌混合。然後放入美乃滋和米飯，快速翻炒一下。
3 從鍋邊處倒入醬油，接著攪拌混合整體。然後放入「堀西」的調味品調味，最後撒上蔥花。

「Outdoor Spice Horinishi」

和歌山的戶外用品選物店「Orange」開發的調味料。調合超過20種香料與調味料，和肉、魚、蔬菜、米飯等各種食材都相當契合。

甜味爆發

美乃滋炒飯

● 材料（2人份）

炒麵麵條（市售品）…1包
高麗菜…3～4片
豬肉邊角料…150g
芝麻油…1大匙
水…50ml
米飯…1合份
中濃醬汁…3大匙
柴魚片、青海苔、紅薑…各適量

● 製作方法

1. 將麵條切成1～2cm的長度。高麗菜和豬肉切成容易食用的大小。
2. 用韓國烤盤加熱芝麻油，接著翻炒麵條，加點水讓麵條散開。
3. 將麵條移到烤盤邊緣，空出來的部分放入豬肉翻炒。等到顏色改變以後就加入高麗菜、和麵條拌一下，接著炒到高麗菜變軟。
4. 放入米飯攪拌混合。接著加入炒麵麵條附的醬汁粉末和中濃醬汁，再次翻炒。
5. 撒上柴魚片、青海苔，最後擺上紅薑。

醬汁的香氣
勾起了食欲

炒麵飯

用炊飯盒＋固態燃料製作！

不會失敗的自動炊飯

基本的炊飯方法（1個炊飯盒爲1合份）

START
米…1合（180ml）
水…200ml

1 放入材料

放入洗好的米和水（使用無洗米的場合，水要增加多於1大匙的量）。製作風味炊飯時要在此時放入調味料攪拌混合，配料也擺上去。

2 蓋上蓋子炊煮

等到1塊固體燃料燒完就大功告成了（使用直火或露營爐等場合就以弱火調理15～20分鐘為基準）。

3 悶蒸

放進炊飯盒附上的束口袋，或是用毛巾包起來悶蒸10分鐘。

於步驟2炊煮完成後，進入到3的悶蒸之前先打開蓋子，倒入蛋液（攪拌混合2顆蛋和1大匙雙倍濃縮的麵味露）。

悶蒸

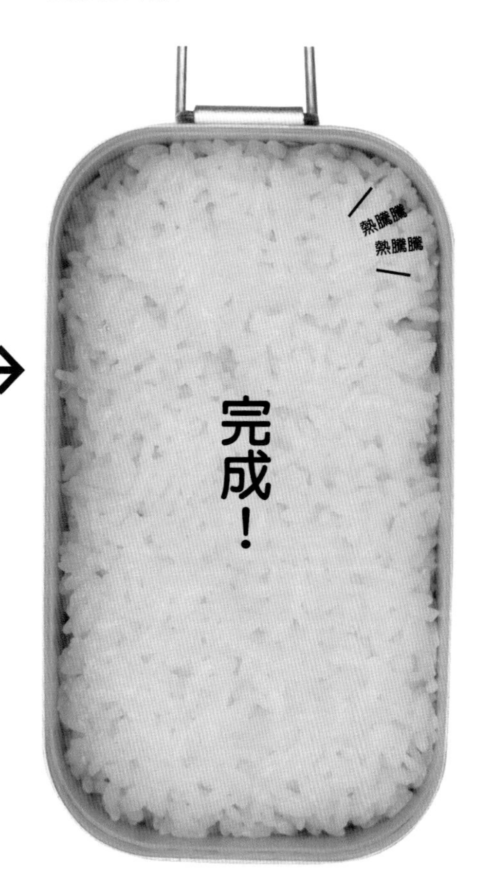

完成！

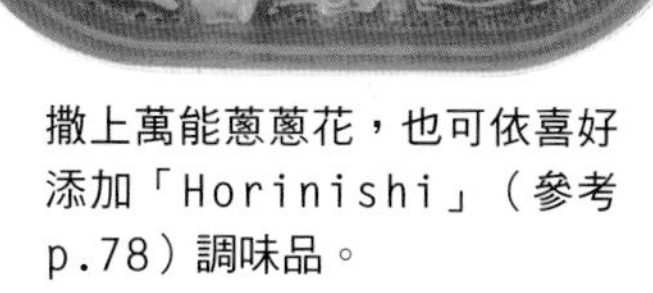

撒上萬能蔥蔥花，也可依喜好添加「Horinishi」（參考p.78）調味品。

POINT

使用固態燃料就不會失敗

固態燃料可以在百元商店或網路商店輕鬆買到。這是即便炊煮時不去調節火力、不去計算時間也不會失敗的優秀商品！固態燃料台也能在百元商店和網路上用實惠的價格入手。

放入奶油後立刻變成洋食屋的口味

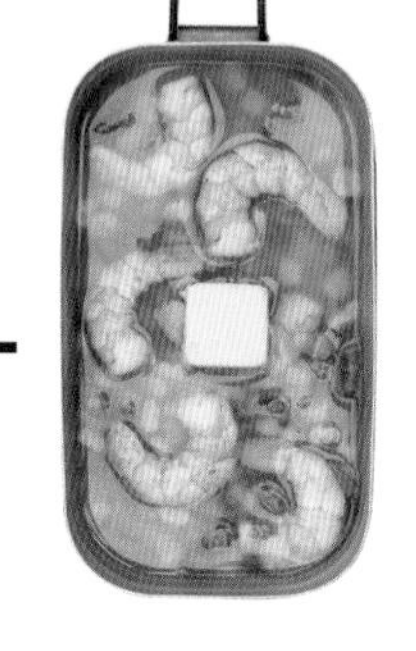

●材料（1合份）

米（洗好後瀝乾水分）…1合
水…200ml
綜合蔬菜（冷凍）…40g
蝦仁（冷凍）…喜好的量
鹽…1/2小匙
顆粒法式清湯粉…1包
奶油…1塊

●製作方法

1. 將米、水放進炊飯盒，接著讓它浸泡30分鐘左右。
2. 放入綜合蔬菜、蝦仁、鹽、顆粒法式清湯粉，接著輕輕攪拌混合，然後擺上奶油、蓋上蓋子炊煮，悶蒸10分鐘。

使用一般的薑辣味會比較強，請斟酌使用量

炸豆皮的
美味逐漸滲出
嫩薑炊飯

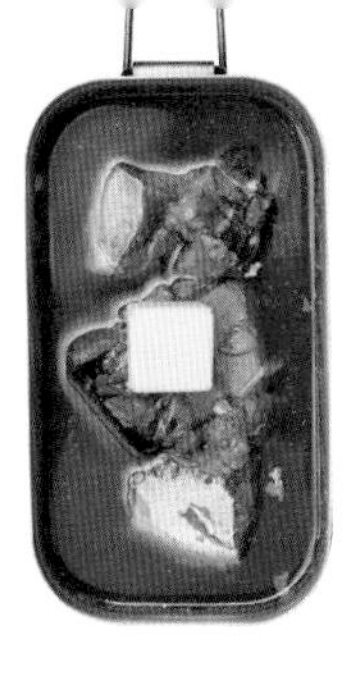

濃郁的美味
奶油味噌鯖魚飯

●材料（1合份）

米（洗好後瀝乾水分）…1合
水…180ml
味噌鯖魚（罐裝）…1罐（190g）
奶油…8g
紫蘇葉絲…適量
A **酒、味醂、醬油**…各1大匙

●製作方法

1. 將米、水放進炊飯盒，接著讓它浸泡30分鐘左右。
2. 放入A，輕輕攪拌混合，接著放入瀝掉罐中湯汁的鯖魚和奶油，蓋上蓋子進行炊煮。
3. 炊煮完成後悶蒸10分鐘，最後撒上紫蘇葉絲。

攜帶罐頭的話，在露營時也能輕鬆享用魚肉

●材料（1合份）

米（洗好後瀝乾水分）…1合
嫩薑…30g
炸豆皮…1片
水…180ml
萬能蔥蔥花…適量
A **顆粒和風高湯粉**…1小匙
酒、醬油…各1大匙

●製作方法

1. 將嫩薑切絲，炸豆皮切成1cm小塊。
2. 將米、水放進炊飯盒，接著讓它浸泡30分鐘左右。
3. 放入A，輕輕攪拌混合，接著擺上1，蓋上蓋子進行炊煮。
4. 炊煮完成後悶蒸10分鐘，最後撒上萬能蔥蔥花。

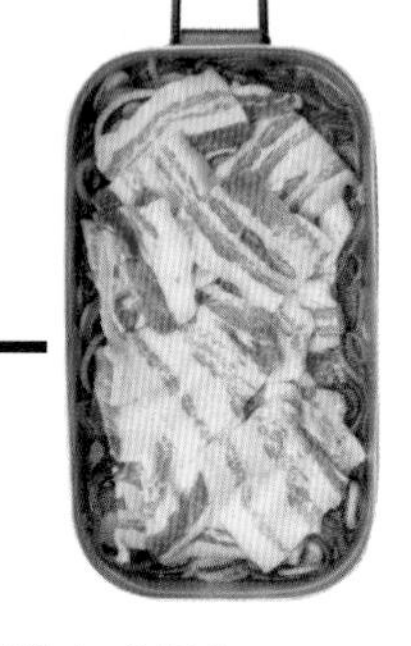

● 材料（1合份）

米（洗好後瀝乾水分）…1合
薄切豬五花肉…100g
水…180ml
蔥花（越多越好吃！）、
萬能蔥蔥花…各適量

A
- **鹽、顆粒和風高湯粉**…各1/2小匙
- **醬油**…1小匙
- **芝麻油**…1/2大匙

● 製作方法

1. 將豬五花肉切成一口大小。
2. 將米、水放進炊飯盒，接著讓它浸泡30分鐘左右。
3. 放入A，輕輕攪拌混合，接著加入蔥花。然後將1攤開擺上，再蓋上蓋子進行炊煮。
4. 炊煮完成後悶蒸10分鐘，最後撒上萬能蔥蔥花。

獨享咖哩就選擇♪
咖哩炊飯

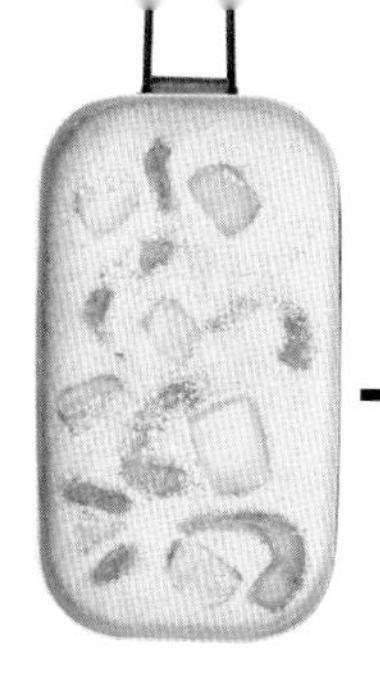

牽絲起司的
海鮮焗飯

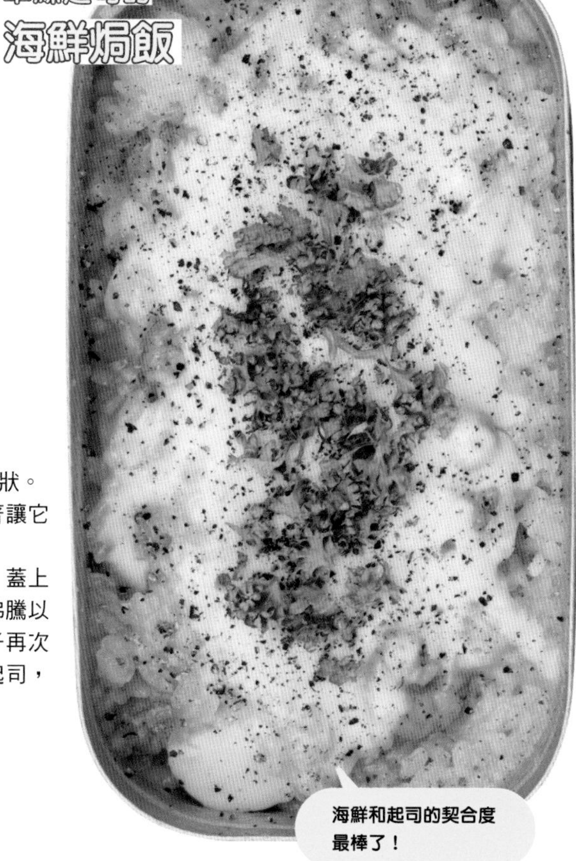

●**材料（1合份）**

米（洗好後瀝乾水分）…1合
奶油燉菜調理塊…2塊
水…200ml
綜合海鮮（冷凍）…80g
披薩用起司、胡椒、巴西利
…各適量

●**製作方法**

1. 將奶油燉菜調理塊切成細碎狀。
2. 將米、水放進炊飯盒，接著讓它浸泡30分鐘左右。
3. 放入1、奶油燉菜調理塊，蓋上蓋子放到火上烘烤。等到沸騰以後攪拌整體，接著蓋上蓋子再次炊煮。加熱結束以後擺上起司，悶蒸10分鐘。
4. 撒上黑胡椒、巴西利。

海鮮和起司的契合度最棒了！

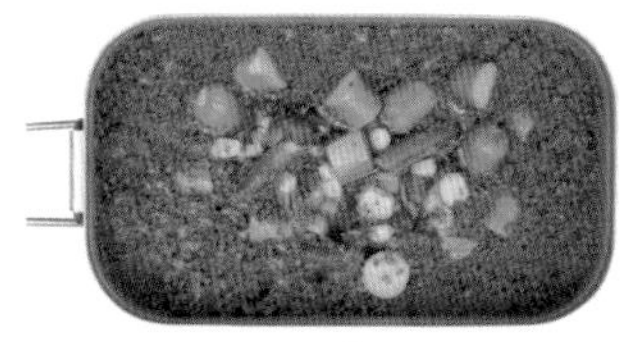

●**材料（1合份）**

米（洗好後瀝乾水分）…1合
維也納香腸…3條
咖哩調理塊…1塊
水…200ml
綜合蔬菜（冷凍）…30g
披薩用起司…適量

●**製作方法**

1. 將維也納香腸切成1cm長，咖哩塊切成細碎狀。
2. 將米、水放進炊飯盒，接著讓它浸泡30分鐘左右。
3. 放入1、綜合蔬菜，攪拌混合，接著蓋上蓋子放到火上烘烤。等到沸騰以後攪拌整體，接著蓋上蓋子再次炊煮。
4. 炊煮完成後擺上起司，悶蒸10分鐘。

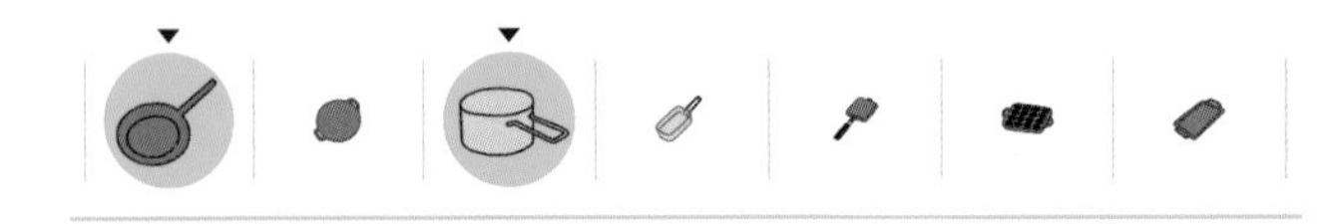

● **材料（1人份）**

味噌泡麵…1包
薄切豬五花肉、辛奇…各80g
韭菜…3～4根
芝麻油…適量
水…適量（泡麵包裝袋標示的量）

● **製作方法**

1. 將豬五花肉切成一口大小，韭菜切成3cm長。
2. 用露營鍋具加熱芝麻油，接著翻炒豬五花肉。等到顏色改變以後就放入辛奇，攪拌混合，最後放入韭菜，稍微翻炒一下。
3. 依照包裝袋的標示煮泡麵，最後擺上2。

無庸置疑的搭檔

辛奇豬肉味噌拉麵

● 材料（1人份）

玉米濃湯粉（市售品）…1包
洋蔥…1/4顆
鴻禧菇、玉米粒（罐裝）、巴西利
…各適量
培根…3片
奶油…10g
水…200ml
A **顆粒法式清湯粉**…1包
鹽、胡椒…各適量
義大利麵條…100g
牛奶…200ml

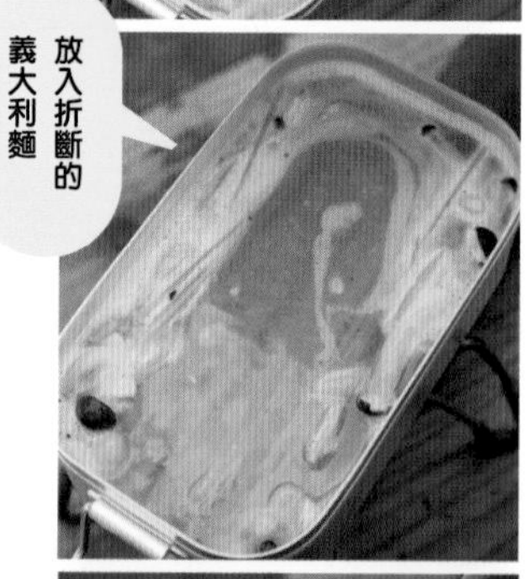

● 製作方法

1. 鴻禧菇切除根部。洋蔥薄切，培根切成短冊切狀。
2. 用炊飯盒加熱奶油，接著翻炒 1 和培根。蔬菜變軟以後，加入水、A。
3. 將義大利麵條對半折斷後放入，接著蓋上蓋子，以包裝袋標示的時間為基準煮麵。
4. 倒入牛奶和玉米濃湯粉，充分攪拌混合，最後撒上巴西利。

Arrange

最後做成麵包濃湯♪

將1片吐司切成容易食用的大小，放進剩餘的義大利麵醬料之中，醬料滲入之後就翻面。接著擺上適量的披薩用起司，蓋上蓋子放到火上烘烤。等到起司融化後，撒上巴西利就完成了。

最後還能做成麵包濃湯♪

玉米濃湯
義大利麵

●材料（1人份）

牛絞肉（或是綜合絞肉）、
義大利麵麵條…各100g
洋蔥末…1/4顆的量
蒜片…2～3cm
橄欖油、鹽、醬油、披薩用起司、
巴西利…各適量

A
- **番茄醬**…3大匙
- **顆粒法式清湯粉**…1包
- **砂糖**…1小匙

水…300ml

濃郁～！

●製作方法

1. 用炊飯盒加熱橄欖油，接著翻炒絞肉。等到顏色改變以後就加入洋蔥、蒜片、鹽、胡椒，攪拌混合，然後加入A，再次翻炒。
2. 倒入水，義大利麵麵條對半折斷後放入。將義大利麵條對半折斷後放入，接著蓋上蓋子，以包裝袋標示的時間為基準煮麵。過程中要時不時攪拌一下。
3. 義大利麵煮熟以後，等湯汁收乾一些，接著擺上起司，再蓋上蓋子。等到起司融化以後，再撒上巴西利。

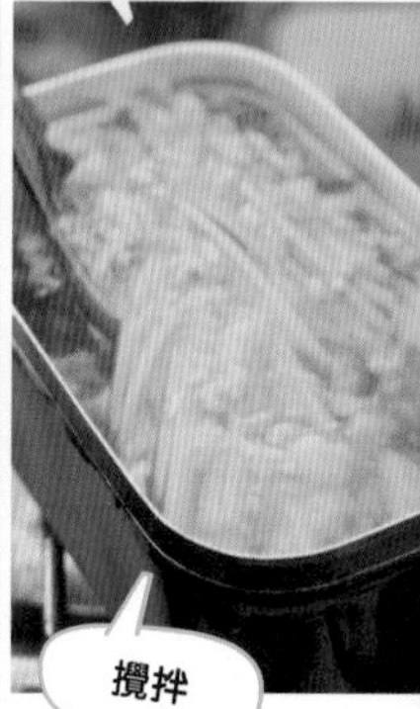

小朋友也會喜歡

起司肉醬義大利麵

● **材料（1人份）**

番茄塊（罐頭）、義大利麵條…各100g
洋蔥…1/4顆
培根…3片
鴻禧菇、鹽、胡椒、起司粉…各適量
水…200ml
生奶油…100ml

A
- **蒜片**…2～3cm
- **顆粒法式清湯粉**…1包
- **砂糖**…1小匙

● **製作方法**

1. 鴻禧菇切除根部。洋蔥薄切，培根切成短冊切狀。
2. 將對半折斷的義大利麵、1、A、番茄、水放進炊飯盒，放到火上烘烤。
3. 沸騰以後輕輕地攪拌，接著蓋上蓋子，以包裝袋標示的時間為基準煮麵。過程中要時不時攪拌一下。
4. 義大利麵煮熟以後，等湯汁收乾一些，接著放入生奶油以後攪拌，然後用鹽、胡椒調味，最後撒上起司粉。

麵條折斷後
再放進去

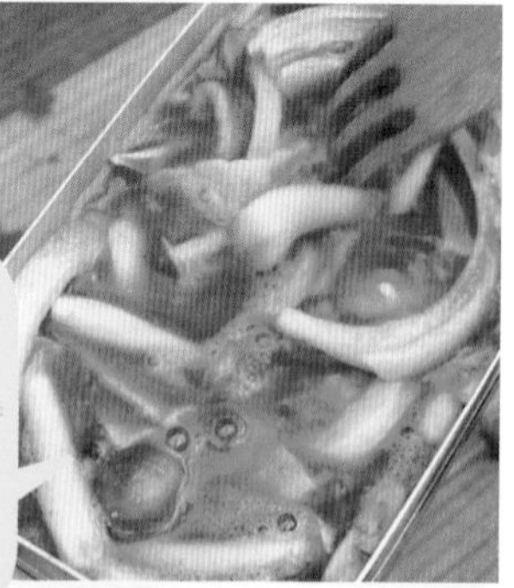

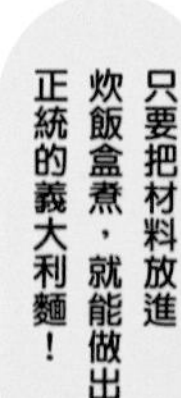

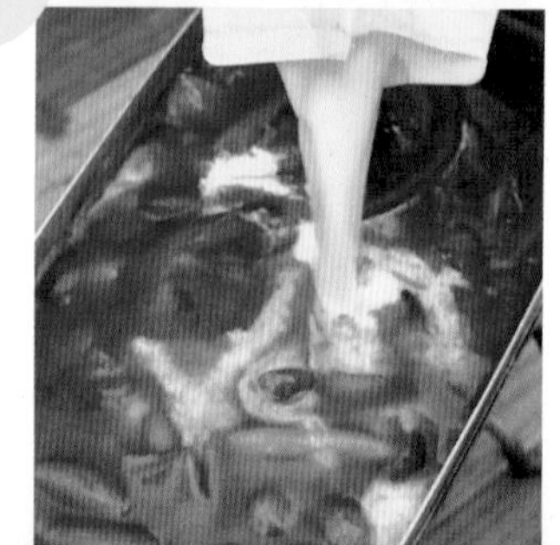

醬汁到最後一滴
都很美味！

Arrange

最後做成義式燉飯

將適量的米飯放進剩餘的醬汁後燉煮，再撒上起司粉和巴西利，番茄奶油燉飯就完成了。

最後就做成義式燉飯！

番茄奶油義大利麵

●材料（1～2人份）

吐司…2片（建議使用6片切或8片切）
「OREO」…4片
奶油起司…適量

●製作方法

1. 將奶油起司塗在一片吐司上，接著將OREO以逐漸移動的感覺排列在對角線上。然後放進熱壓三明治烤盤，再蓋上另一片吐司。
2. 烘烤到兩面都出現焦色，接著對半斜切，OREO看起來就像是朝著斷面而來。

熱壓三明治烤盤也有各種類型

Bauru的「熱壓三明治烤盤 單面」不太會破壞食材，能做出美麗的斷面。

IWANO的「熱壓三明治烤盤FT」能夠確實壓住吐司邊。分離型還能當成迷你平底鍋使用。

POINT

想要讓斷面更加美麗

擺放重點在於讓OREO像是沿著下刀切線而來。

「蘋果奶油起司三明治」（p.99）是將蘋果片排列在正中央的線上。

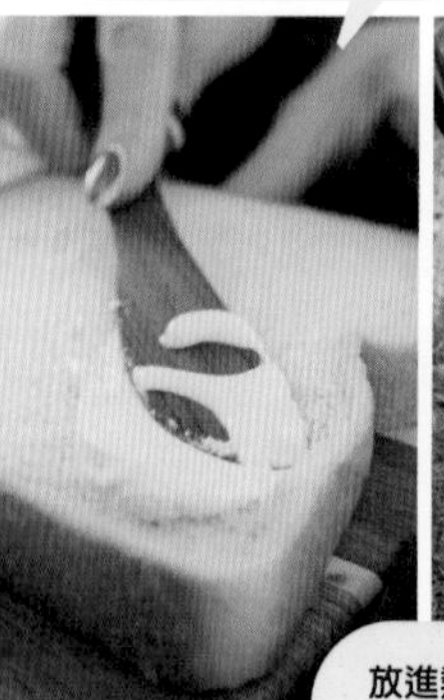

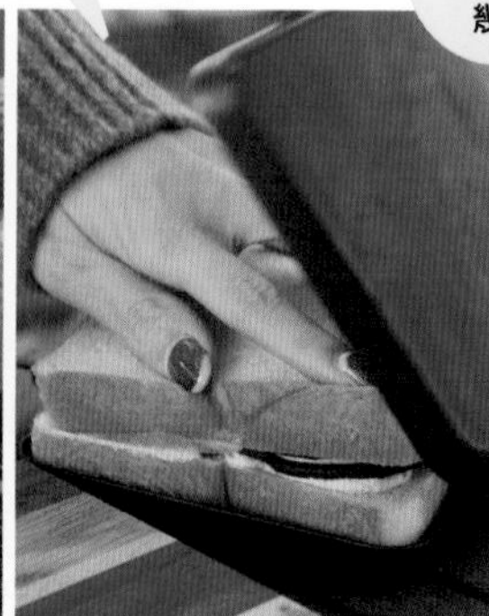

甜食愛好者必看！

OREO奶油起司三明治

絕配的夥伴♡

紅豆奶油三明治

● **材料（1～2人份）**

吐司…2片
紅豆沙、奶油起司…各適量

● **製作方法**

1. 將紅豆沙、奶油起司塗在一片吐司上，接著放進熱壓三明治烤盤，然後再蓋上另一片吐司
2. 烘烤到兩面都出現焦色以後，對半切開。

很適合當早餐

花生奶油香蕉三明治

● **材料（1～2人份）**

吐司…2片
香蕉…1根
花生奶油起司…各適量

● **製作方法**

1. 將花生奶油塗在一片吐司上，接著放進熱壓三明治烤盤，然後擺上薄切成厚度5mm左右的香蕉，再蓋上另一片吐司。
2. 烘烤到兩面都出現焦色以後，對半切開。

不會吃膩的美味

蘋果奶油三明治

● **材料（1～2人份）**

吐司…2片
蘋果…1/4顆
奶油起司、肉桂粉、蜂蜜…各適量

● **製作方法**

1. 將奶油起司塗在一片吐司上，接著稍微錯位、重疊擺上薄切的蘋果片（參考p.96）。然後放進熱壓三明治烤盤，撒上肉桂粉、淋上蜂蜜，再蓋上另一片吐司。
2. 烘烤到兩面都出現焦色以後，對半切開。中間的蘋果就像是朝著斷面而來。

魅惑的組合

莓果醬棉花糖三明治

● **材料（1～2人份）**

吐司…2片
棉花糖…4個
莓果醬…適量

● **製作方法**

1. 將莓果醬塗在一片吐司上，接著放進熱壓三明治烤盤，然後擺上棉花糖，再蓋上另一片吐司。
2. 烘烤到兩面都出現焦色以後，對半切開。

跟酒類也很搭♪

生火腿與酪梨奶油起司三明治

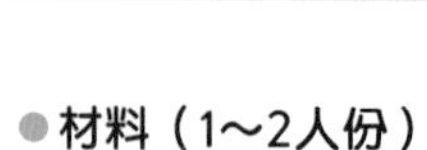

● 材料（1～2人份）

吐司…2片
生火腿…3～4片
酪梨薄片…1/2顆的量
奶油起司…適量

● 製作方法

1. 將奶油起司塗在一片吐司上，接著擺上生火腿、酪梨。然後放進熱壓三明治烤盤，再蓋上另一片吐司。
2. 烘烤到兩面都出現焦色以後，對半切開。

生火腿要以重疊的形式排列

濃稠的起司在裡面！

滑蛋三明治

● **材料（1～2人份）**

吐司…2片
雞蛋…1顆
水…1大匙
美乃滋…1大匙
奶油…1塊
起司片…1片
胡椒…適量

● **製作方法**

1. 將雞蛋、水、美乃滋攪拌混合。接著用熱壓三明治烤盤（分離型）的單面加熱奶油，然後倒入剛才的調合蛋液，再慢慢地攪拌，呈現半熟狀態的時候取出。
2. 將一片吐司放進熱壓三明治烤盤，接著擺上起司片、1，再撒上黑胡椒。然後蓋上另一片吐司。
3. 烘烤到兩面都出現焦色以後，對半切開。

大家都喜歡

起司肉醬三明治

● **材料（1～2人份）**

吐司…2片
牛絞肉…80～100g
洋蔥…1/4顆
披薩用起司…適量

A
鹽、胡椒…各適量
番茄醬…2大匙
醬汁…1小匙

● **製作方法**

1. 加熱熱壓三明治烤盤（分離型）的單面，接著翻炒絞肉。等到顏色改變以後就放入切成末的洋蔥再翻炒，等到炒熟後再加入A，攪拌混合，然後盛起。
2. 將一片吐司放進熱壓三明治烤盤，接著擺上起司片，再蓋上另一片吐司。
3. 烘烤到兩面都出現焦色以後，對半切開。

大分量的漢堡♪

青椒漢堡排三明治

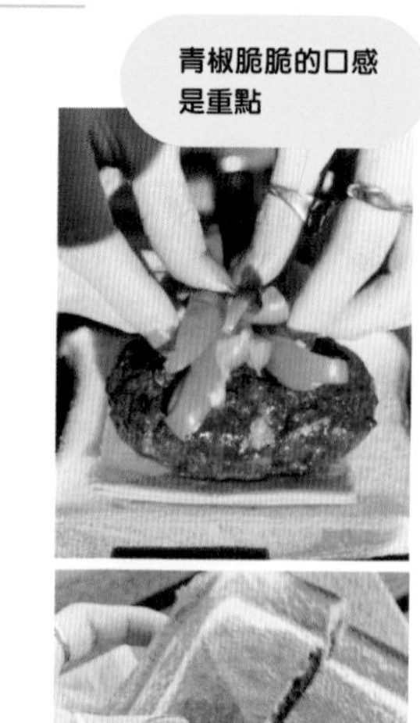

●材料（1～2人份）

吐司…2片
起司片…2片
漢堡排（真空包）…1塊
青椒…1顆

●製作方法

1. 用熱水加溫真空包漢堡排。青椒細切。
2. 將一片吐司放進熱壓三明治烤盤，接著擺上起司片、漢堡排、青椒，再蓋上另一片吐司。
3. 烘烤到兩面都出現焦色以後，對半切開。

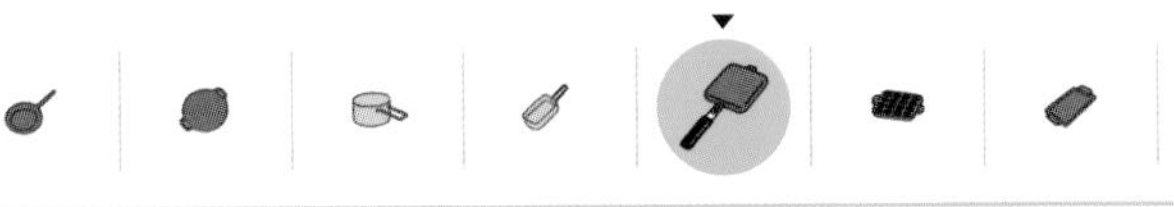

● **材料（1～2人份）**

吐司…2片
雞蛋…1顆
美乃滋、鹽、胡椒、披薩用起司…各適量

● **製作方法**

1. 將一片吐司放進熱壓三明治烤盤，接著用湯匙在正中央壓出凹槽。然後沿著吐司邊緣擠出美乃滋，並在上面擺上起司做出土堤狀。
2. 在吐司正中央的凹槽打一顆蛋，接著撒上鹽、胡椒，再蓋上另一片吐司。
3. 烘烤到兩面都出現焦色以後，對半切開。

調整火力來享受半熟的風味

荷包蛋熱壓三明治

又熱又濃稠

肉桂香蕉燒

● **材料（1～2人份）**

香蕉…1根
肉桂粉、砂糖…各適量
奶油…1塊

● **製作方法**

1. 用熱壓三明治烤盤加熱奶油，接著擺上切成小段的香蕉，然後撒上肉桂粉、砂糖。
2. 闔上熱壓三明治烤盤，烘烤到呈現黏稠狀。

先分開烤再融合！

豚平燒

● **材料（1～2人份）**

豬肉邊角料…30g
高麗菜絲（市售品）…2撮
雞蛋…1顆
鹽、胡椒、披薩用起司、油、醬汁、美乃滋、柴魚片、蔥花…各適量

● **製作方法**

1. 用熱壓三明治烤盤（分離型）的單面加熱油，接著翻炒豬肉。等到顏色改變以後，加入高麗菜絲（太少的話也可依喜好增加），然後撒上鹽巴、胡椒，再擺上起司。
2. 用另一面烤盤加熱油，打一顆蛋、讓它慢慢地流入，接著烘烤。
3. 等到雞蛋表面凝固以後，接著擺上1，再淋上醬汁、美乃滋，撒上柴魚片、蔥花。

用冷凍派皮製作！

白巧克力蘋果派

● **材料（1～2人份）**

蘋果…1/4顆
奶油…8g
砂糖…1大匙
白巧克力…5塊
冷凍派皮、肉桂粉…各適量

● **製作方法**

1. 準備2片跟熱壓三明治烤盤單面一樣大的派皮。
2. 用其中一片加熱奶油，接著擺上薄切蘋果片，然後撒上砂糖。烘烤到果汁收乾，撒上肉桂粉以後取出。
3. 在熱壓三明治烤盤上鋪上一張派皮，接著擺上2、分成小塊的白巧克力。
4. 蓋上另一片派皮，烘烤到兩面都出現焦色。

濃郁的甜味和起司的鹹味很相襯

起司in地瓜派

● **材料（1～2人份）**

冷凍派皮…適量
地瓜（市售品）…1顆
起司片…1片

● **製作方法**

1. 準備1張大小跟熱壓三明治烤盤（照片中使用的是單片吐司用的「4w1h」）一樣的派皮。
2. 將派皮鋪在熱壓三明治烤盤上，接著擺上起司片、地瓜，然後像是要包起來那樣闔上烤盤。
3. 烘烤到兩面都出現焦色。

●材料（1份）

高麗菜絲…1撮（50g）
紅薑（切細碎）…適量
炸渣…2大匙
A
- **麵粉、水**…各3大匙
- **雞蛋**…1顆

薄切豬五花肉…3片
油、御好燒醬汁、美乃滋、柴魚片、青海苔…各適量

●製作方法

1. 將A放進夾鏈式保鮮袋，搓揉按壓袋子攪拌混合。接著放入高麗菜絲、紅薑、炸渣，再次搓揉按壓。
2. 在熱壓三明治烤盤的兩面放油加熱，一面擺上豬肉（如果肉片超出烤盤請切除）烘烤。等到顏色改變以後就翻面。
3. 等到熟了以後，剪掉1的保鮮袋的一角，倒入麵糊。用弱～中火烘烤到兩面都出現焦色。
4. 盛到器皿以後，淋上醬汁、美乃滋，撒上柴魚片、青海苔。

用保鮮袋&
熱壓三明治烤盤就能完成！

御好燒

到了露營地只要烤就好！

堅果法式吐司

先在家把麵包處理好再帶來吧♪

● 材料（1～2人份）

吐司（切得厚一點）…1片

A
- 蛋液…1顆的量
- 牛奶…100ml
- 砂糖…1大匙
- 香草精…2～3滴

奶油…1塊

楓糖糖漿、核桃、糖粉（如果有的話）…各適量

● 製作方法

1. 將A放進夾鏈式保鮮袋，接著充分搖晃使其混合。
2. 將吐司切成4等分，接著放進1，讓蛋液確實滲入。
3. 用平底鍋加熱奶油，接著烘烤2。等到出現焦色以後就翻面，以同樣的方式處理。
4. 淋上楓糖糖漿，接著撒上切成小塊的核桃，如果有的話，最後再灑上糖粉。

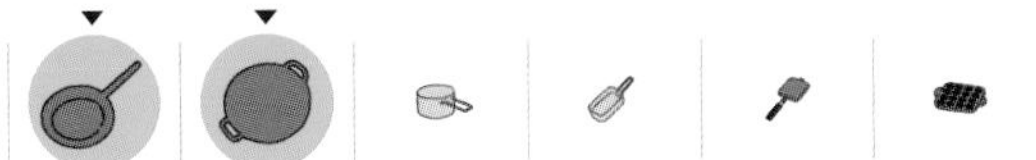

● **材料（1～2人份）**

香蕉…2條
板狀巧克力、棉花糖…各適量

● **製作方法**

1. 只剝除香蕉縱向半邊的皮。接著等距離切出刀痕，每道切口都填入切成小塊的板狀巧克力，至於另一條香蕉則是填入棉花糖。
2. 將香蕉擺到烤網等物上，烘烤道巧克力和棉花糖都融化（如果熱源會冒出火焰的話，請鋪一張鋁箔紙）。

在香蕉上切出要填入巧克力和棉花糖的溝

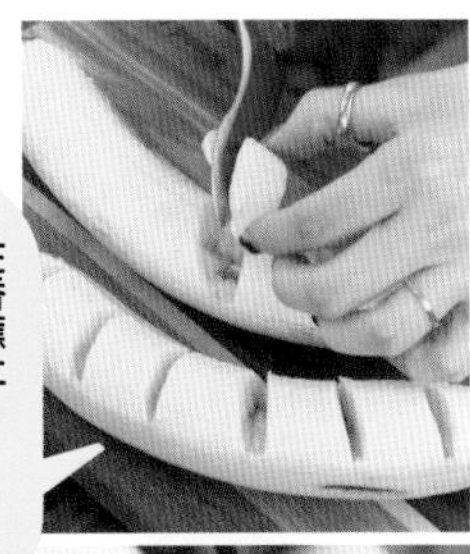
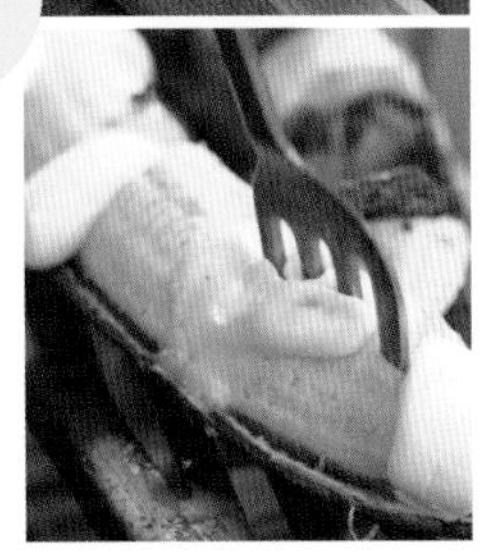

只需要夾起來烤

火烤巧克力香蕉船

熱騰騰的溫和甜味

蒸烤地瓜布蕾

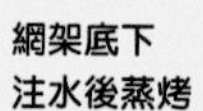

● 材料（1～2人份）

地瓜、細砂糖…各適量

● 製作方法

1. 將地瓜清洗乾淨，接著切成圓片。
2. 將網架放進炊飯盒，接著倒入水平面高度略比網架低的水。然後放入 1 ，再蓋上蓋子，蒸煮到地瓜熟了。
3. 撒上細砂糖，接著用瓦斯噴槍炙烤。

網架底下注水後蒸烤

瓦斯噴槍

能以可燃性氣體為燃料噴出高溫火焰的器具。能在升火和炙烤料理等方面大大活躍。

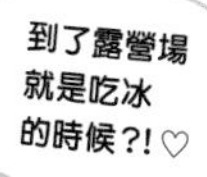

● 材料（1～2人份）

「可爾必思」（稀釋用／可挑選喜歡的口味）
…100ml
牛奶…200ml
蜜柑（罐裝）…1罐

● 製作方法

1 將所有的材料放進夾鏈式保鮮袋，將空氣擠出後封起。
2 充分搖晃之後，放進冷凍庫冷凍3～4小時以上。
3 從袋子的外側充分搓揉按壓，最後盛入器皿。

潛伏在冰桶裡面

冰凍可爾必思蜜柑雪寶

作者

saaayan（さーやん）

以Instagram為中心，發布時尚的露營生活與露營料理、服飾穿搭等內容，目前擁有169萬的追蹤人數（2024年6月），也同時在Youtube與TikTok進行分享，以露營料理主題的短影片廣獲好評。原本是居家派，後來受到丈夫tomoyan的影響便開始沉浸在露營的魅力之中。就在她陸續於自己的帳號分享各種資訊的過程中，也漸漸受到人們的支持與喜愛。為了讓愛車Jimny更符合露營時的需求在客製改裝方面的講究程度，也獲得了大眾的注目。

@___saaayan___

さーやんフウフ
@___saaayan___

@___saaayan___

TITLE

零技能也能做的露營料理

STAFF

出版	瑞昇文化事業股份有限公司
作者	saaayan（さーやん）
譯者	徐承義
創辦人 / 董事長	駱東墻
CEO / 行銷	陳冠偉
總編輯	郭湘齡
責任編輯	張聿雯
文字編輯	徐承義
美術編輯	謝彥如
國際版權	駱念德　張聿雯
排版	二次方數位設計 翁慧玲
製版	明宏彩色照相製版有限公司
印刷	龍岡數位文化股份有限公司
法律顧問	立勤國際法律事務所　黃沛聲律師
戶名	瑞昇文化事業股份有限公司
劃撥帳號	19598343
地址	新北市中和區景平路464巷2弄1-4號
電話 / 傳真	(02)2945-3191 / (02)2945-3190
網址	www.rising-books.com.tw
Mail	deepblue@rising-books.com.tw
港澳總經銷	泛華發行代理有限公司
初版日期	2024年7月
定價	NT$320 ／ HK$100

ORIGINAL JAPANESE EDITION STAFF

デザイン	吉村 亮、石井志歩（Yoshi-des.）
撮影	ともやん（@tomoyan726）
イラスト	朝野ペコ
取材・文	野田りえ
編集	中野桜子
編集デスク	樋口 健・北川編子（光文社）

國家圖書館出版品預行編目資料

零技能也能做的露營料理 / saaayan著 ; 徐承義譯. -- 初版. -- 新北市 : 瑞昇文化事業股份有限公司, 2024.07
112面 ; 14.8X21公分
ISBN 978-986-401-752-2(平裝)

1.CST: 食譜 2.CST: 烹飪 3.CST: 露營

427.1　　113007682

≪Saaayan no Zero Skill！ Camp Meshi≫

Original Japanese edition published by Kobunsha Co., Ltd.
Traditional Chinese translation rights arranged with Kobunsha Co., Ltd.